# 地震災害軽減への歩み

濱田政則 著

技報堂出版

# まえがき

１９６８年に修士課程を修了以来、建設会社の技術者として、また大学教員として、半世紀以上にわたって地震防災分野の研究と実務に携わってきた。この間、専門家として悔いの残る二度の失敗をした。最初の失敗は１９９５年阪神・淡路大震災である。阪神地域の都市圏近傍の活断層が、それまでわが国の地震では経験したことのない激烈な地震動を発生させ、10万棟以上の建物・家屋を倒壊させ、５５００人以上の人命を奪った。

筆者を含めて地震防災分野の専門家の関心は、関東地震や東海地震などの海洋型の地震にあった。内陸断層による地震は、発生位置と時間の予知がほとんど不可能であること、また地震によって被害を受ける地域が海洋型地震に比較して限定され、大都市圏を直撃する可能性は低いと考えていたことが大災害発生の根底にある。

専門家としての二度目の失敗は、２０１１年東日本大震災である。東北地方より関東地方にかけて、海岸線での高さが10ｍを超える大津波が襲い、２万５０００人以上の人命が失われた。わが国では１９２３年の関東地震に次ぐ犠牲者数となった。特に、東京電力の福島第一原子力発電所では炉心溶解、原子炉建屋爆発・飛散、広域での放射能汚染という世界史上例を見ない重大事故が発生した。福島第一原子力発電所施設の設計用の津波高さは６．１ｍであったが、

15 mを超える津波により冷却施設の全機能が失われた。津波高さの予測の失敗が最大の要因である。

東日本大震災発生の7年前、2004年にインド洋大津波によって人口の1／3の7万人が犠牲となった、スマトラ島北端の町バンダ・アチェを津波により2か月後に訪れた。ほとんどの家屋と建物が倒壊して海へ流出した惨状を見て、わが国ではこのような大災害は起きないであろうと何の科学的根拠もなしに思った。わが国ではマグニチュード9を超える地震は発生しない。東海地震と東南海地震の連動によるマグニチュード8.5が最大の地震と筆者を含めて大半の専門家は考えていた。スマトラ島西岸のプレート構造と東日本の太平洋岸のプレート構造と規模が極めて類似していることに何故注目しなかったのか。

阪神・淡路大震災と東日本大震災の後、地震防災分野の多くの専門家からこれらの災害発生は「想定外」という無責任な発言がなされた。マスコミにも取り上げられて、社会的に大きな批判を受けた。

建物や橋梁などの構造物の耐震設計では、設計の対象とする地震の揺れの大きさ、設計震度を想定する。「想定する」という言葉に設計技術者に特段の違和感はない。問題はほとんどの専門家が基準や指針で決められている地震動や津波高さで設計しておけば構造物の安全性は保たれると考えていたことにあるのではないか。想定した地震動や津波高さを超えた場合に、構造物はどのようになるのか。損傷はどこまで進み、施設としての機能はどの程度保てるのか、特に人命に与える影響はどうなるのか、という想定が欠けていたのではないか。社会の機能はどこまで損なわれ、復興・復旧にはどのくらい期間と費用が必要か。そのことの重大性を教えてくれたのが、阪神・淡路大震災と東日本大震災だと考えている。

本書では、筆者が半世紀にわたって取り組んできた、地震防災分野の研究・開発の背景や災害軽減のための社会活動、国際協力などについて振り返る。筆者の後半期の主要研究テーマは、液状化地盤が水平方向に数メートル変位するいわゆる「側方流動」である。１９８０年日本海中部地震によるガス導管の被害調査を契機に、この現象に着目し、側方流動による被害の軽減、地盤変位の予測方法などの研究を行った。臨海埋立地の産業施設を防護する方法として、基礎杭を一定間隔に一列に打設して、液状化地盤の流動を抑止する「飛び杭工法」を開発、実地盤にこの工法を適用した。側方流動現象の発見、発生メカニズムの解明、被害の予測法、さらに対策工法に至るまでの一連の研究を行った。

首都直下地震や南海トラフ沿いの大地震の発生日時を予測することは難しいが、長い年月を考えれば、これらの地震は必ず発生する。

将来の地震災害軽減のための研究・開発とそれらの技術を用いた国土強靭化のため、本書が地震防災分野の研究者、関係者に有用な知見と情報を提供することを念願している。

# 目　次

# 1 阪神・淡路大震災

## 1-1 震災が発生した日

阪神・淡路大震災（兵庫県南部地震）が発生した1995年1月17日の前日、日曜日の夕方、家内と二人で新横浜駅の近くの蕎麦屋で夕食を取った後、午後7時ごろの新幹線に乗って新大阪に向った。翌日より始まる「第一回日米都市防災会議」に出席するためであった。午前9時からの開会式の司会に指名されていた。11時近くに大阪城近くのホテルにチェックインし、明日からの会議に備えるため、早めにベッドに入り眠りについた。

翌朝4時45分、それまで東京、横浜でも経験したことのないような大きな揺れで、危うくベッドから転げ落ちそうになった。咄嗟に、恐れていた関東地震が起ったのではないかと思った。自宅のある横浜の状況が心配になったが、部屋の電話は切れていて使えない。テレビ報道が始まっていた。真っ先に映し出されたのは、市街地より煙が幾筋も立ち昇っている状況である。地震により火災が発生したらしい。航空自衛隊伊丹基地の航空機からの映像で、神戸市上空で撮影されたものだという。震源の詳細は報道されなかったが、神戸市から淡路島にかけての地域と推定されていた。

関西地方で大きな地震が発生するということは、その当時、地震学分野の研究者がほとんど想定していなかった。耐震工学を専門とする筆者自身もそう考えていたので、震源が神戸だと聞いても信じがたい思いであった。

ホテルの外壁が一部崩れていた程度で建物自体には目立った被害は見られなかった。ホテルが用意してくれた簡単な朝食をとった後、防災会議の会場に出かけた。既に何人かの参加者が集まっており、テレビの画面に見入っている。多くの建物、家屋が倒壊し、火災も複数地点で発生しているらしい。米国からの出席予定者は50名程度であったが、その内の半数以上が会場に来ており、揺れのすさまじさを口々に話していた。米国では西海岸で時折、地震が発生するが、その揺れは日本の震度でⅢ程度で、震度Ⅵに達するような揺れは米国からの参加者にとってはじめての経験であったと思われる。という筆者自身も震度Ｖは経験していたが、Ⅵ以上の揺れははじめてだった。

とにかく、開会式だけは開こうということになった。型どおりの開会のスピーチなどはすべて省略して、この地震による被害を日米共同で調査するための体制について意見が交わされた。とりあえず、いくつかのグループに分かれ、それぞれのグループが調査対象を決めて行動し、夕方には再び集合して情報を共有しようということになった。

筆者は京都大学のＳ教授と阪神地区の埋立地の被害を調査することにした。レンタカーを借りて二人で神戸に向った。最初に行き当ったのは、国道岩屋高架橋の１本足の橋脚が５００

メートル以上にわたって倒壊した現場である。わが国でこのような被害が発生するのか。唖然としてその場に立ち尽くした。

阪神・淡路大震災の約1年前、1994年1月に米国カリフォルニア州でサンフェルナンド地震が発生し、高速道路が倒壊する被害が発生していた。日本からも調査団が派遣され、米国のマスコミの取材に答えた。調査団の代表格の研究者は、「日本の橋梁の耐震設計は米国より進んでおり、設計用の地震力も米国に比較して大きい。日本ではこのような被害が起ることはない」と答えた。筆者自身もそのように思っていた。しかし約1年後、カリフォルニアでの被害を上回る被害がわが国で発生したのである。被害の最大の要因は、内陸活断層の近傍で発生した強烈な地震動である。マグニチュード7クラスの内陸断層による地震動は、阪神・淡路大震災以前の構造物の耐震設計では考慮されていなかった。1923年の関東大震災を契機に構造物の耐震設計が始められた。そのときに想定した地震の揺れは、関東地震による東京での揺れがもとになっている。関東地震の震源は相模湾で、東京の都市圏とは50km以上離れている。これに対し、兵庫県南部地震を発生させた内陸断層と神戸など都市圏までの距離は10km以下である。兵庫県南部地震のマグニチュードは7.4で、関東地震の7.9より小さいが、断層近傍域で極めて強烈な地震動が発生した。

阪神・淡路大震災以後、ほとんどすべての社会基盤施設、ライフライン施設の耐震設計法の改定が行われ、設計用の地震動が大幅に引き上げられた。このことについては後述の1-3節「新しい耐震設計法」で述べる。

阪神高速道路の倒壊現場に着いたとき、すでに報道陣が現場に到着しており、そのうちの何人かに取り囲まれた。〝このような被害をどう思うのか〟〝専門家の意見を聞かせて欲しい〟という。筆者もS教授も被害のすさまじさに驚愕するばかりで、何もコメントできない。

S教授は別のマスコミとほかの被害現場に向かうことになり、筆者一人でレンタカーを運転して神戸市の中心街に向かうことになった。神戸市の三ノ宮駅付近まで来たときに日が暮れはじめた。大阪に引き返さないといけないと思い、国道を大阪方面に引き返すことにしたが、大渋滞である。車が進まない。思い切って脇道に入ったが、倒壊した家屋の瓦礫でほとんど道が塞がれている。

昼食を取らずに大阪を出発した。飲料水も非常用食料も持たずに神戸に向ってきた。車の中に閉じ込められた状態で、災害の状況がよくわからない。車のラジオからの報道だけでは、被害の状況がつかめない。たまたま、当時普及しはじめていた携帯電話を持っていた。現在のスマートフォンなどと比較するとかなり大型で重量もある。携帯電話を使って自宅の家内に連絡し、テレビ報道による災害の状況を把握することにした。

車はのろのろと進み、大阪市内に入った。大阪を出発してから約16時間後、翌日の午前4時を過ぎていた。夜明け前ということもあって、大阪は何事もなかったかのように静寂であった。地震による被害は見当たらない。街全体が静まり返っていた。

まず、昨日泊まったホテルに戻ろうとしたが場所がわからない。ホテル名は記憶していたが、大阪の地理に詳しくない。タクシーを捕まえてホテルまで先導してもらうことにして、やっとの思いでホテルにたどり着いた。地震が発生してから、丸一日近くの時間が過ぎていた。

## 1-2 震災が残した教訓

兵庫県南部地震は、マグニチュード7．2の内陸断層によって引き起こされた。淡路島から六甲山系に続く長さ30㎞の断層で、震源が10㎞と浅かったため、阪神地域の都市圏に強烈な揺れを発生させた。

地震の揺れの強さは、気象庁の震度階のほかに、工学分野では地震動の加速度で表される。神戸海洋気象台の地表面の水平方向の加速度は約８００ガル（$cm/s^2$）と報告されている。地球の重力加速が９８０ガルなので、重力の約8割の加速度が生じたことになる。兵庫県南部地震による震度階は、最高ランクのⅦで、これもわが国でははじめて観測された。阪神地区の背後にある六甲山系により、地震波が反射され地震動が増幅したことも強い揺れの一つの要因と考えられている。

マグニチュード7以上の内陸地震は過去にも1891年濃尾地震、1948年福井地震など、約10年に1回程度の割合で繰り返し発生してきている。福井地震では、竹藪が根こそぎ飛び上り、近くに落下したという記録があり、地震の揺れ、特に上下方向の揺れの強さがうかがわれる。しかしながら、日本列島の内陸部に発生するマグニチュード7クラスの地震は、海洋のプレート境界で発生するマグニチュード8クラスの地震に比較し、強震域の領域が限られているため、大都市圏を直撃する確率は低いと考えられてきた。

神戸市などの都市域を襲った激しい揺れにより、10万棟以上の建物、家屋が倒壊し、5500人以上の命が奪われた。地震後、震災に関連して亡くなった人々を加えると6600人以上が犠牲となった。わが国では1923年の関東大震災に次ぐ犠牲者を出す地震災害となった。

土木・建築構造物の耐震設計は関東地震を契機に始められた。明治維新以来、西欧より技術移入して建設された建物には地震の影響が考慮されていなかった。

関東大震災後、地震の加速度による水平方向の慣性力を自重に加えて考慮する耐震設計法が普及したが、設計上の慣性力は、加速度で評価すると200～300ガル程度で、神戸市での観測された加速度８００ガルはこれを大きく上回っている。

兵庫県南部地震が、構造物の耐震設計に関して提起した最も重要な教訓は、設計で想定した地震動を上回る地震動に構造物が遭遇しても、倒壊を起さないように設計するということであったと言える。構造物が損傷を受けて大きく変形しても、倒壊に至らなければ、多数の人命の損失が防げるという考え方が基本である。そのためには、構造物に従来からの〝強さ〟に加えて、〝粘り強さ〟を持たせることが必要である。

構造物は地震動の強さに比例して変形するが、ある一定限度（弾性限度という）を超えると、地震度が終了しても構造物に変形が残る（残留変位という）。さらに、地震動が増加すると構造物の残留変形が増大し、破壊に至る。破壊に至るまでに許容できる変形の大きさが〝構造物のねばり強さ〟を示す一つの指標となる。この考え方から、兵庫県南部地震後に土木学会によって「2段階地震動に対する耐震設計法」が提唱された。この耐震設計法については、次節の「1-3　新しい耐震設計法」で述べる。

筆者の専門である土木構造物の被害で注目しなければならないのは、高架道路の橋脚の倒壊である。神戸市深江地区に建設されていた阪神高速道路神戸線の橋脚が崩壊した。兵庫県南部地震以前の地震においてもコンクリート橋脚の被害は発生していたが、完全に倒壊に至った例はない。大被害を受けた高速道路の橋脚のほとんどは１９８０年以前の設計基準によるもので、

写真１　1995年阪神・淡路大震災　コンクリート橋脚の破壊（阪神高速道路神戸線）（出典：土木学会ほか『阪神・淡路大震災調査報告』）

〝ねばり強さ〟が十分でなく、地震力の増大によって急激に破壊を生じ、倒壊に至った。

新幹線のコンクリート橋脚の被害も土木技術者のみならず、一般の人々に対しても主要社会基盤施設の耐震性について危惧を抱かせた。コンクリート橋脚が水平方向の地震力によって破壊（せん断破壊という）して、橋桁が落下した。大きな被害を受けた橋脚はいずれも鉄筋量が十分でなく、ねばり強さが十分でなかった。幸いにも、地震発生が営業運転開始前であったため、多数の人命を失うような大災害を避けることはできたが、内陸直下型地震に対する新幹線など高速鉄道の走行安全性の問題が浮き彫りにされた。

兵庫県南部地震による被害の中で注目しなければならないのは、液状化地盤の側方流動

写真２　側方流動地盤変位による橋脚の落下

である。地震の揺れや液状化により護岸が海方向に移動し、その背後の埋立地盤が数ｍも海側に変位した。側方流動によって橋脚が変位させられ橋桁が落下した。また、建物や施設の基礎抗が破壊された。さらに地盤のひずみ（地盤の相対変位）により、ライフラインの埋設管路が寸断された。側方流動は兵庫県南部地震以前にも注目されていたが、耐震設計へ反映されるような研究成果が得られる前に兵庫県南部地震が発生して、再び同様な被害が発生した。地震後、構造物の基礎杭や、埋設管など地中構造物の耐震設計で、側方流動による地盤変位の影響が考慮されるようになった。

阪神・淡路大震災を振り返る場合、忘れてはならないのは、たまたまある条件下で発生しなかった災害である。前述した新幹線もこのような例の一つである。地震発生の時刻が仮に1時間遅かったら、走行中の新幹線の脱線は免れなかったであろう。高架橋上を走行中の列車が軌道より飛び出し、民家の上に落下して、さらに大きな災害に結びついていた可能性は否定できない。地下鉄の駅舎の崩壊についても同様なことが言える。コンクリートの天井がその上の土砂もろとも線路上に落下した。そこに電車が停車していたり、崩壊した箇所に電車が激突していたら、さらに災害は拡大していたと考えられる。

条件によりたまたま発生しなかった災害は、ハード面だけではなくソフト面においても挙げられる。その一つは、地震発生時刻が早朝であったことである。地震の発生時刻が2～3時間ずれて通勤ラッシュ時と重なっていたら、さらに重大な結果が発生していたと考えられる。逆に、地震発生後、間もなく夜が明けたことは、崩壊した家屋の下敷きになった人々の救急活動や、避難活動を助けた。地震発生時刻が深夜であったら、犠牲者の数は増加していたと思われる。

## 1-3　新しい耐震設計法

土木学会は、地震後、土木の各分野の専門技術者・研究者よりなる「耐震基準等基本問題検討会議」を組織し、今後の土木構造物の耐震性の在り方や耐震性向上のための研究、開発の方向性などについて検討を行った。その結果、土木構造物の耐震性を向上させるため、以下の二つの基本方針を示した。

① ２段階の地震動に対する耐震設計
② 性能規定型耐震設計

２段階設計法は、従来の耐震設計で考慮してきた設計地震動（レベル１地震動）に加え、発生頻度は低いが、兵庫県南部地震で発生したような強地震動に対して耐震性を照査する設計法である。レベル１地震動は、１９２３年関東地震による東京での揺れを想定しており、加速度で２００~３００ガル（cm/s$^2$）を考えている。それに対し、レベル２地震動は、兵庫県南部地震で神戸市で観測された８００ガル（cm/s$^2$）を超える地震動を想定している。

性能規定型設計は、設計で想定する地震動に構造物が遭遇した場合に地震中および地震後に構造物が保有すべき性能（機能維持のレベル）を定め、この性能を満足するように構造物の損傷程度と残留変形量を許容範囲に収めるようにする設計法である。個々の構造物と施設の性能を規定するだけでなく、構造物や機器が構成するシステムとしての性能、たとえば水道や電力などのライフラインシステムでは、地震後の供給能力や必要な復旧期間を設定し、これをもとにシステムの構成要素である構造物と機器の機能が決定される。

表 1　1995 年兵庫県南部地震後の耐震設計法の改定

| | 1995 年兵庫県南部地震（前） | 1995 年兵庫県南部地震（後） |
|---|---|---|
| 耐震設計で想定する地震動 | 1923 年関東地震で東京市とその近傍で観測された加速度 100 ～ 300 cm/s$^2$<br>加速度を基本とする設計水平震度 $K_H$＝0.1 ～ 0.3 | 2 段階地震動を考慮<br>L1 地震動：関東地震以来用いられてきた従来レベルの地震動<br>L2 地震動：兵庫県南部地震の断層近傍で観測された加速度 800cm/s$^2$ をベースとした地震動<br>水平震度 $K_H$＝0.8 |
| 目標耐震性能 | ・構造物・施設に損傷なし<br>・修理・修復なしで使用可能<br>・地震中・地震後とも機能維持 | L1 地震動：関東地震以後の耐震性能同様<br>L2 地震動：<br>・構造物の地震後の残留変形を許容する<br>・構造物の崩壊・倒壊を防ぎ、人命を守る<br>・早期の復旧を可能とする |
| 耐震性能の評価方法 | ・震度法（静的設計法）<br>・修正震度（構造物の固有周期により水平震度を修正） | ・修正震度法<br>・塑性設計 ( 残留変位を考慮した設計 )<br>・一部動的解析手法を活用 |

土木学会による、2 段階地震動に対する耐震設計と性能規定型耐震設計の提言は、そのまま国による防災基本計画の基本方針の中に取り入れられた。兵庫県南部地震後、ほとんどの土木構造物の耐震設計基準が、土木学会の提言や防災基本計画に示された基本方針に則って改定された。しかしながら、この改定は以下のような課題があった。

最初の課題は、レベル 2 地震動をどのように設定するかという問題である。これについては二つの考え方が提案された。一つは〝既往最大〟という考え方である。これまでに観測された地震動の上限値をもって今後の耐震設計のための地震動としようとする考え方である。改訂された各種の耐震設計基準において地表面の設計震度を最大で０．８としているのは、神戸海洋気象台で観測された８００ガル（cm/s²）が根拠となっている。

これに対して、設計地震動を確率論的に定めようとする考え方が提案され、鉄道施設や水道施設の耐震基準で採用された。〝既往最大〟の考え方では、それを超える地震動が観測されるたびに、地震動の改訂が必要となる。また、確率論的な設定では、再現期間が著しく長い（発生確率が低い）地震動の確率を定めるためのデータの蓄積が不十分であり、両者の考え方に優劣をつけることは難しい。

性能規定型設計において、構造物が保有する機能は、基礎を含めた構造物各部位の損傷度や残留変形の程度によって判断される。このためには構造物の塑性領域（地震後、構造物に残留変形が生ずる領域）から破壊に至るまでの過程を定量的に評価することが必要となる。構造物の従来からの耐震設計では、地震後に残留変形が生じない設計、すなわち弾性領域での設計が行われてきた。このため、鋼構造物、コンクリート構造物の塑性領域での挙動と破壊に至る過程に関する研究が国による研究プロジェクトで進められた。

性能規定型の耐震設計は、盛土や護岸、擁壁など土を主要材料とする構造物にも適用されることになった。これらの構造物の従来からの設計は、地震力および自重による外力に対し、すべりや転倒に対する抵抗力が一定の割合で上回っていることを確認する方法で行われてきた。

レベル2地震動を耐震設計で考慮すると、多くの場合、外力が抵抗力を上回ることになる。構造物にすべり、傾斜、沈下、水平変位が生ずることになり、これらの損傷をもとに構造物の機能を照査する。しかしながら、現時点においては盛土や擁壁のような土構造物の損傷度合と残留変形量を精度よく推定する手法は確立されていない。

兵庫県南部地震後、構造物が破壊に至る過程に関し、多くの調査・研究が行われたが、未解決の課題も数多く残されている。兵庫県南部地震後の耐震設計基準の改訂が、復旧・復興の実務からの要請もあって、これらの課題を抱えながら見切り発車的に行われたことは否定できない。今後の研究成果を踏まえて、将来、耐震基準を再び改訂する必要がある。

土木学会が提唱した2段階設計法と性能設計の考え方は、都市ガス、上・下水道、電力、通信などライフライン施設の耐震設計の設計に反映された。

# 2　東日本大震災

# 2-1 地震・津波予知の失敗

東日本大震災（東北地方太平洋沖地震）が発生した2011年3月11日午後2時45分、筆者は東京新宿の早稲田大学理工学部キャンパスの研究室にいた。激しい揺れにより、机の上に積み重ねてあった書類や本の山が崩れ、床の上に散乱した。本箱も大きく揺れ、転倒しそうになったので、慌てて体で抑えた。揺れが収まり、窓の外を見ると、新宿の大久保周辺の建物には目立った被害は出ていないようである。理工学部の18階建ての本部棟も外観は無事なようである。

しばらくして、震源地は東北地方の太平洋沖だとの報道がテレビであった。マグニチュードは8以上だという。地震のマグニチュードはその後も何回か修正され、最終的には9．0となった。気象庁をはじめとする地震予知の専門家の多くは、わが国で発生する最大の地震の規模はマグニチュード8．5か、それを若干超える程度だと予想していた。2004年にインドネシア・スマトラ沖でマグニチュード9．1の地震が発生したとき、何の根拠もなく、わが国ではマグニチュード9を超える地震は発生しない。南海トラフ沿いの東海地震と東南海地震が連続発生しても、そのマグニチュードは9には達しないとの気象庁や中央防災会議の発表を何

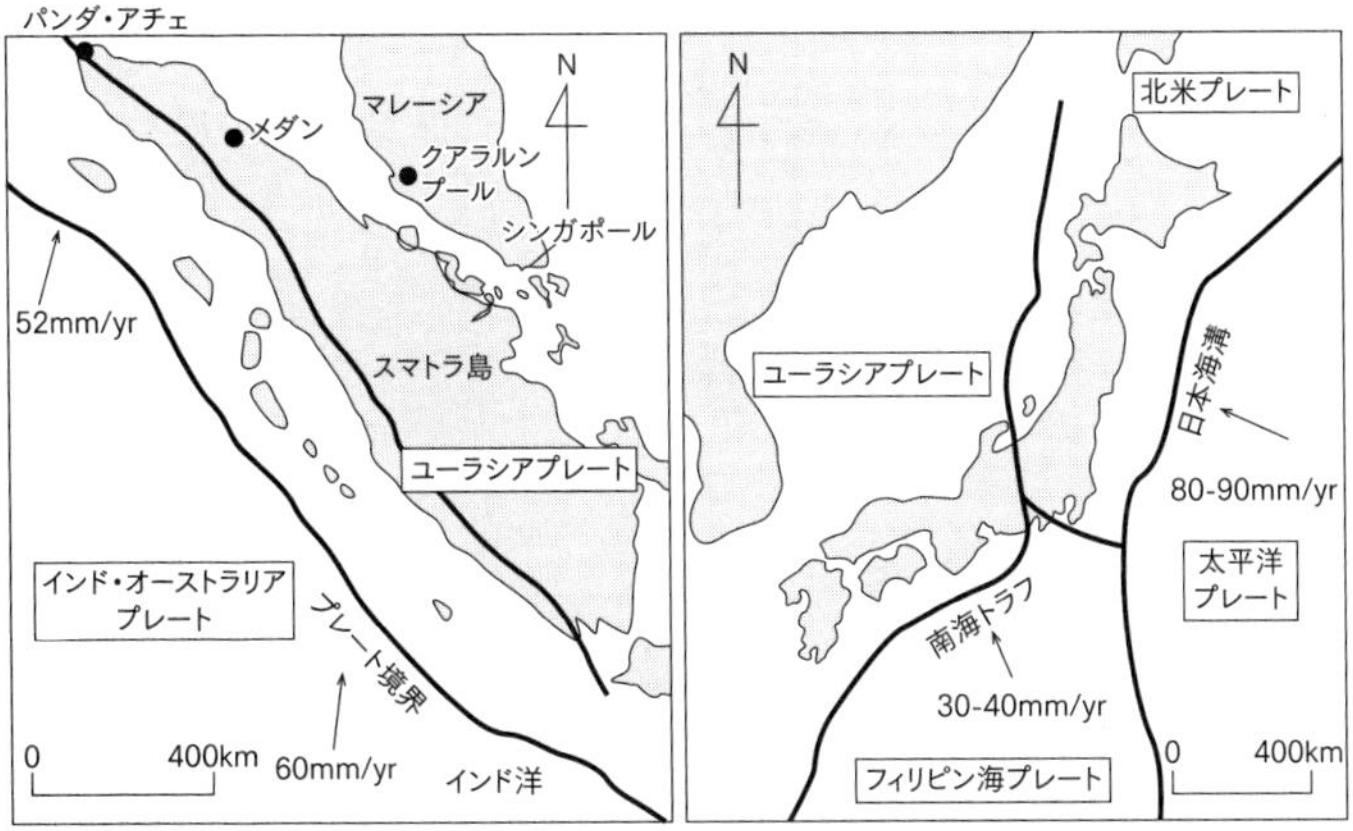


図１　スマトラ島西岸と日本列島のプレート構造

の疑問もなく受け入れていた。

スマトラ島沿岸のプレート構造と東北地方太平洋沿岸のプレート構造は類似している。日本列島北部は北米プレートの上にあり、その下に太平洋プレートが沈み込んでいる。スマトラ島はユーラシアプレートの上にあり、その下にインド・オーストラリアプレートが潜みこんでいる。スマトラ島沿岸のプレート構造を約90度時計回りに回転させると東日本のプレート構造にほぼ重なる。何故、このことに注意を向けずに、わが国ではマグニチュード9以上の超大型地震は発生しないと信じていたのか。

地震が発生して2～3時間経ったころ、外出していた研究室の学生たちが戻ってきた。ＪＲや私鉄とも運転を中止しているので、遠方より徒歩で帰ってきた者もいた。学生に、近くのコンビニに行って弁当と水を買ってくるように指示した。恐らく、大学の食堂も近くのレストランも営業ができないような状況だと判断しての指示であった。学生は早速近くのコンビニに行き、研究室の人数分の弁当と水を買い込んできた。その後コンビニに食糧を買う人が殺到し、売り切れていたことを考えると、適切な指示であったかどうか、疑問が残る。

学生たちとテレビの報道に見入っていた。高さは画面からはよくわからなかったが、10m以上と思われる段差を持つ黒い水壁が畑の中を海岸から陸地の奥に向って進んでいる。一瞬、何が発生したか、この黒い水は何なのかと思った。津波が発生して陸に遡上し、内陸部に向っているのだと気づいた。地震に続いて大津波が発生したのだ。

津波が海岸に押し寄せ、市街地を飲み込む映像は、2004年スマトラ沖地震・津波のときに記録画像で目にしていた。今回の津波の映像は海岸に遡上した津波が平野部を一斉に進んでいくもので、これまでの津波の映像では見たことがなかった。

夕方、6時ごろになってFテレビより電話が入り、緊急取材の申し込みを受けた。至急、江東区台場にある放送局に来て、地震と津波に関してコメントして欲しいとのことである。承知すると、今から放送局の車を大学に差し向けるという。迎えの車に乗って放送局に向った。しかし、早稲田を出て飯田橋付近にかかるころから大渋滞が始まった。車が全く動かない。とても台場の放送局に行き着けそうもない。携帯電話を持っていたが、通信不能である。近くに電話ボックスを見つけ、そこの固定電話よりFテレビに電話を掛けた。「渋滞で放送局までたどり着けそうにないので、大学に引き返す。」というと、担当のディレクターは、「今からバイクを迎えに行かせるので、その後部座席に乗って何とか局まで来て欲しい」と云う。3月11日は特に気温の低い日であった。それに北風も強い。大学にコートを置いてきたので、「一旦大学に引き返す。」とディレクターに断ってから徒歩で早稲田に向った。歩道は付近のビルから避難してきた人や帰宅しようとする人で溢れている。歩き始めたのだが、あまりにも寒いので、どこか暖を取れるところはないかと探していると、飯田橋駅の近くの病院のロビーが帰宅困難者のために開放されているという。中に入ってみると、多くの避難者が支給された毛布にくるまって休んでいる。

後で聞いた話だが、JR東日本は駅構内からすべての乗客を駅舎外に退避させたということである。線路への転落などの事故を防ぐためだという。駅構内に入ってこようとする避難者を全ての駅の入り口で止めたと聞く。公共機関として信じ難い行為であったと考えている。鉄道会社は交通・運輸に重要な責務を負っているばかりでなく、社会と人々の安全に最善を尽くすことが求められている。この話を聞いて、国鉄時代の大組織に生まれがちの驕りがよみがえってきているのではないかと感じた。

2時間ほどかけてようやく大久保のキャンパスにたどり着いた。研究室に学生たちが集まっ

写真１　陸前高田市の惨状

ていて、皆無事だとのことでひとまず安堵した。再び、Fテレビから電話があり「今は渋滞が激しいので、明朝の番組に出て欲しい」、「今晩は都内のホテルに宿泊してもらいたいところだが、ホテルの部屋が取れない、明朝早く自宅に車を迎えに行かせるので、それに乗って放送局まで来て欲しい」「今から自宅に帰るための車を大学に差し向ける」とのことである。

１時間ほどで車が迎えにきて、横浜市鶴見の自宅に向った。都内の山手道路も相当混んでいたが、五反田より第二京浜国道に出るころから渋滞が一層激しくなった。横浜、湘南方面に徒歩で帰宅しようとする人々であろうか、歩道も相当混雑している。車もほとんど進まない。

「防災先進国」と世界より評価され、我々研究者もそれを自負していたわが国において、

1995年の阪神・淡路大震災に続き、地震・津波による大災害が再び発生した。地震防災を40年以上も研究テーマとしてきた筆者にとって再び大きな悔いの残る災害となった。

震災から約1か月後に、被災地の東北三陸地域を訪れた。ほとんどの家屋、建物が津波によって破壊され、押し流された陸前高田市の荒涼とした光景を見たとき、これは前に見た光景だと思った。インド洋地震による津波に襲われ、人口の約1／3の7万人もの住民の命が奪われたスマトラ島北端の町バンダ・アチェの光景であった。

何故、インド洋で発生したような災害がわが国でも起こり得ることを予見し、対策の緊急性を訴えてこなかったのか。阪神・淡路大震災のときにも同じ思いに囚われた。地震防災分野の研究を行い、その研究成果で社会の災害軽減に貢献しなければならないという責務があるにもかかわらず、大失敗を重ねることになった。

## 2-2　福島第一原子力発電所の事故

東京電力福島第一原子力発電所では、地震発生から約40分後に襲来した津波により、炉心溶解、水素爆発による原子炉建屋の崩壊など、原子力施設として未曾有の大事故が発生した。原設計での津波高は6．1mであったが、敷地内での津波高さは15m以上に達した。

　地震動による遮断器などの損傷や送電鉄塔の斜面すべりによる倒壊で、6回線の外部電源がすべて停止したため、各号機の非常用ディーゼル発電機が起動した。しかし、地震後襲来した津波により、1～5号機の冷却用海水ポンプ、非常用ディーゼル発電機および配電盤などが冠水した。冠水を免れた6号機を除くすべての非常用ディーゼル発電機が停止し、全交流電源が喪失した。1号機から3号機で、バッテリーによる原子炉の冷却が試みられた。しかし、バッテリーの枯渇により炉心冷却機能が停止した。その後、消防ポンプを用いた消火系ラインによる淡水および海水の注水に切り替えられたが、原子炉内の圧力上昇に伴い、代替注水が困難になり、原子炉圧力容器への注水ができない状態が一定時間継続した。各号機の炉心の核燃料は水で覆われずに露出し、炉心溶解に至った。

　大気中に露出した燃料棒被覆管のジルコニウムと水蒸気との化学反応により大量の水素が発生して原子炉格納容器内に充満した。さらに海水系機器が損壊し、冷却系統を喪失したこと（最終ヒートシンク喪失状態）により、原子炉格納容器が破損した。1号機および3号機において、漏れ出した水素に引火して爆発が発生し、原子炉建屋の最上階上部が破壊された。

　原子炉建屋の爆発により大量の放射性物質が広範囲な地域に飛散し、放射能汚染を引き起こした。多くの住民が遠方への避難を余儀なくされた。事故より10年以上が経過し、一部地域で避

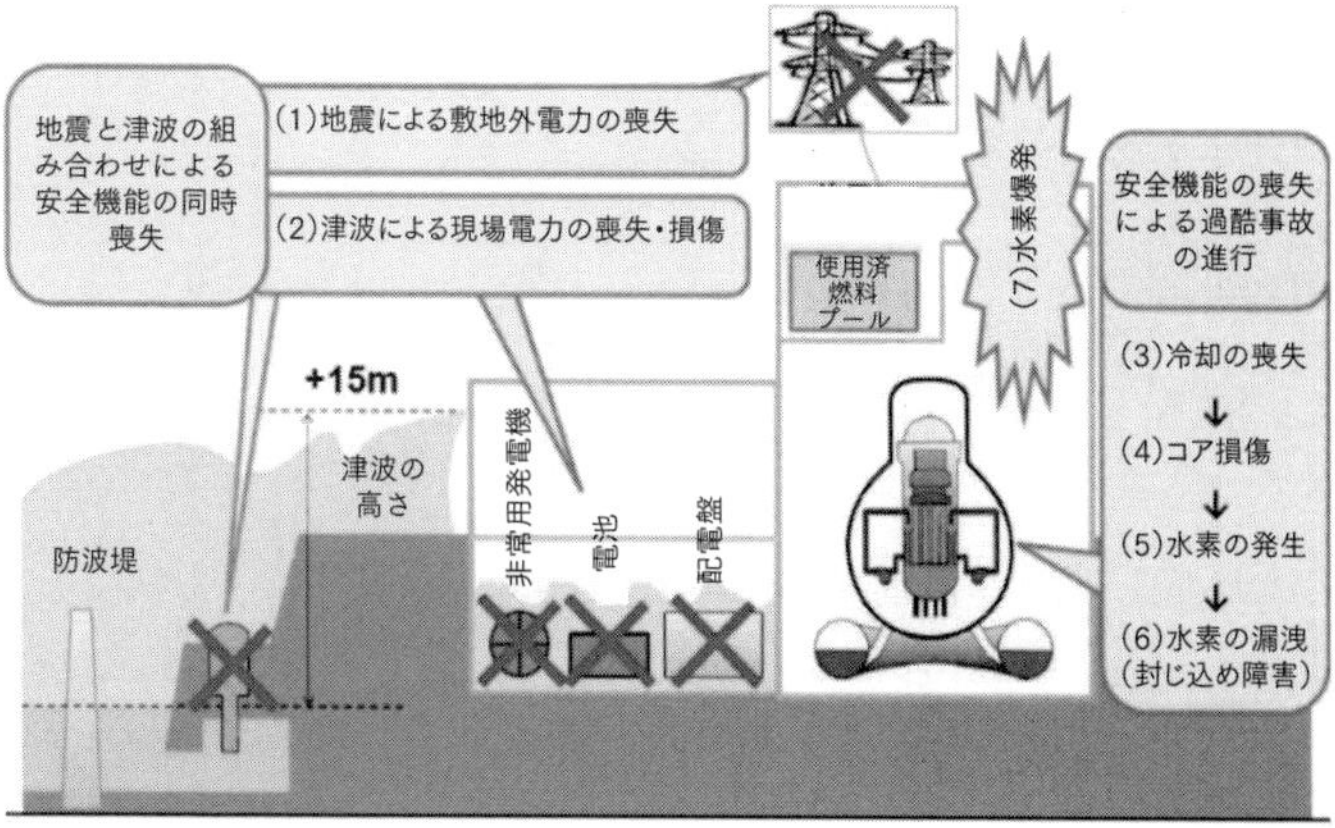


図２　福島第一原子力発電所の事故の状況

難指示は解除されたものの、避難地域は未だ広く残されている。仮に避難指示が解除されたとしても、多くの住民は避難先で、10年以上の間に新たな生活を築いており、被災地の人口が元に戻ることは難しい。

福島第一原子力発電所の廃炉への作業もこの10年余り続けられてきた。２年程前（２０２１年）に発電所の復興状況を見学する機会があった。一日３０００人もの作業員が廃炉に向けて日夜懸命に働いていていた。原子炉建屋の前まで放射線防護服を付けずに近づけるほどに作業は進んでいたが、廃炉に至る道は長く、険しい。

廃炉に向けての大きな課題は二つある。一つは溶解し、原子炉の底部に溜まった核燃料をいかに取り出すかという課題である。事故後10年かかってようやく溶解した核燃料の状況をカメラにより撮影することができたが、外部に取り出し、最終処分するまでには数十年あるいはそれ以上の年月が必要になるのではないか。我々の世代では終結せず、子供、孫、曾孫の代まで引き継がれることになる。何世代の後まで大きな負の遺産を残すことになった。

もう一つの課題は、汚染水の処理である。原子炉建屋近傍への地下水の流入は冷凍壁で止めたものの、降雨のたびに汚染水が発生している。事故より10年余り貯蔵用タンクに保管していたが、２０２３年より処理水の海洋放出が開始された。陸上から海に向って建設されたトンネルを通して処理水を放出している。この処理水の海洋放出については、住民、特に漁業関係者の理解を得る努力が続けられている。また近隣諸国に対し、科学的データに基づいた説明を続ける必要がある。

## 2-3　原子力発電との係り

建設会社に勤務している時期、原子力発電所の耐震設計に従事した。これが原子力発電所の耐震性の問題に関わったはじまりである。東京電力柏崎原子力発電所の緊急取水路の設計を担当した。地震などによる事故で、原子炉への冷却水の供給が不能になった場合に、海水を取り入れて、原子炉を水没させ、原子炉の溶解を防ぐための施設である。原子力発電所の施設の中では重要度の高い施設の一つとされている。

柏崎原子力発電所は２００７年の新潟中越沖地震により、地下50ｍの岩盤で重力加速度とほぼ同等の１０００ガル（$cm/s^2$）の強地震動に見舞われたが、主要施設の被害は報告されていない。東北地方太平洋沖地震の発生時、８基の原子炉は全て点検のため停止中であった。

筆者が耐震設計に加わった緊急取水路の状況が懸念されたが、地震後の取水路内部の点検の結果、異常がないことが報告された。

原子力発電施設の耐震安全性に関しては、１９９５年から２００７年まで、原子力安全委員会原子炉安全専門委員会の委員を務めた。いわゆる２次審査と呼ばれる審査で、経済産業省（当時の通商産業省）の審査会による１次審査と併せてダブルチェックのための科学技術庁所管の委員会であった。多くの原子炉の安全性の審査に関与したが、筆者の役割は原子炉建屋などの建築構造物と冷却用取水設備および地盤や原子炉背後の斜面の安全設計のチェックであった。毎回、大量の書類が委員会に提出され、意見を求められた。多くの場合、委員から耐震設計に関する立ち入った質問もなく、委員会として承認の判断を下していた。書類が膨大で、目を通すことがほとんど不可能であったこともある。委員の多くは大学の教員であり、本業は教育と研究である。本業以外のことに費やす時間と労力はそれほどないのである。

２０１０年4月に、早稲田大学と東京都市大学とで共同大学院が開設され、その中で原子力工学専攻の講座が設けられることになった。〝原子力工学科〟は、原子力に対する負のイメージが社会に広がり、学部や大学院の名称からほとんど消えていた。しかし、地球温暖化に対応するために化石燃料の使用を抑制する必要から原子力エネルギーの重要性が再び認識され、いくつかの大学の学部と大学院で原子力工学の名称が復活した。

筆者は、共同大学院で原子力耐震工学の講義を担当することになった。土木・建築構造物の耐震設計法をベースにして、原子力分野特有の入力地震動の設定方法や安全性照査方法を講義した。建設会社における原子力関連の設計業務の経験が役立った。

共同大学院での講義を開始してから約1年後の２０１１年3月11日に東日本大震災が発生し、東京電力福島第一発電所で原子炉溶解という未曾有の大事故が発生した。米国のスリーマイルアイランド、旧ソ連のチェルノブイリ原発の事故を上回る史上最悪の事故となった。

共同大学院での原子力講座は、翌年の２０１１年度は一時中断になるものと思っていたが、大学の事務より、4月から2年度目の講義を開始するようにとの連絡があった。福島第一原子力発電所の大事故があって、耐震工学の講義を受講する学生はほとんどいないだろうと考えて、渋谷にある東京都市大学のサテライト教室に出向いた。驚いたことに、受講する学生数が昨年度の20人より30人以上に増えていた。わが国の原子力技術を学び、継承していこうとする学生

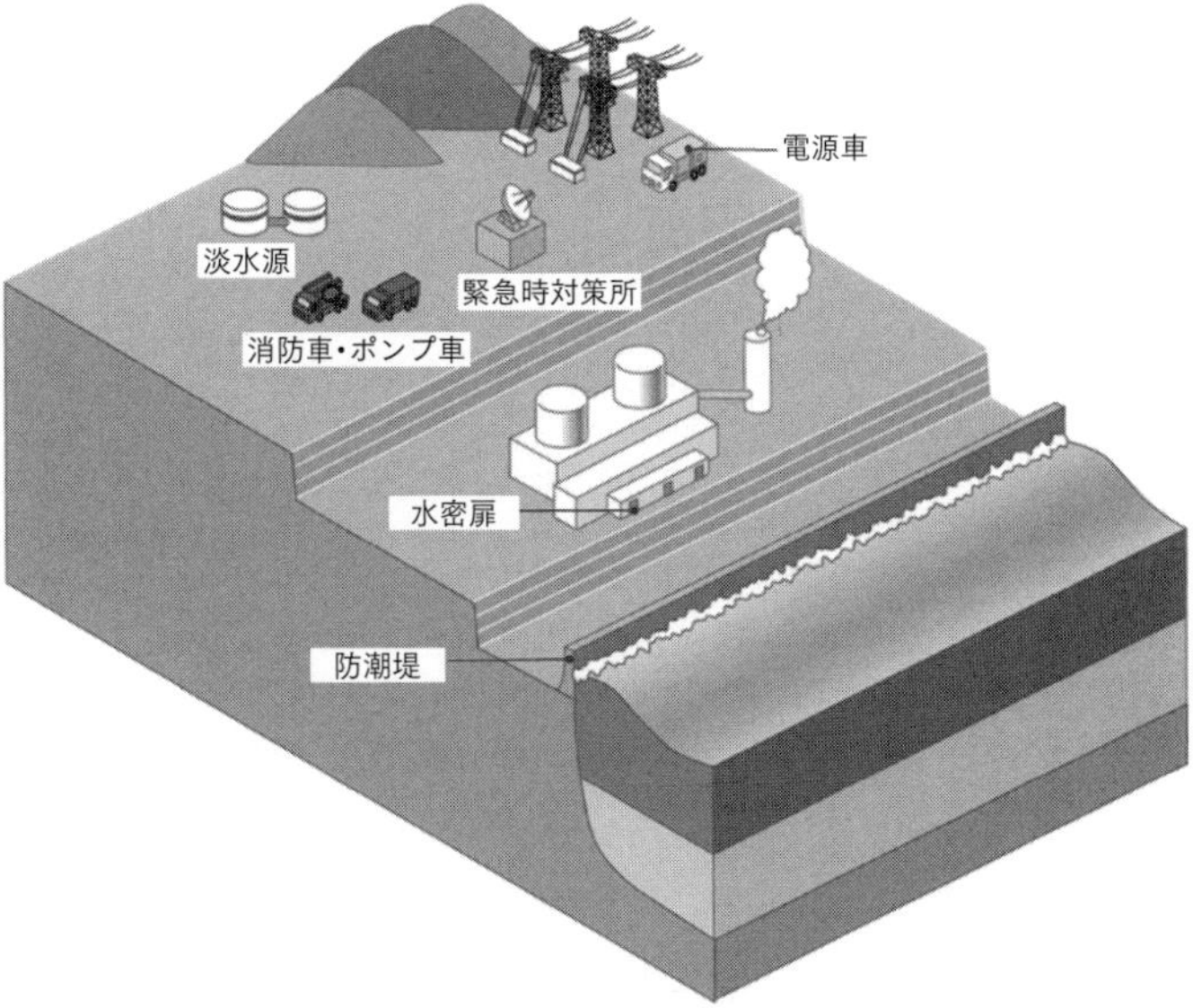


図3　原子力発電所の津波対策

がいたのである。東日本大震災で落ち込んでいた筆者をはじめ多くの教員を逆に励ましてくれることになった。

共同大学院での講義録を「Earthquake Engineering for Nuclear Facilities」としてSpringer社より出版している。この本は珍しくよく売れているようである。福島第一原子力発電所の重大災害を引き起してしまったが、わが国の原子力発電所の耐震技術に対する信頼は未だ高い。

福島第一原子力発電所の大災害後、全国の原発の耐津波対策が施工されている。津波防波堤の建設、原子炉建屋やタービン建屋などの浸水防止対策、原子炉冷却用機器などの高所移転が進

コンクリート壁の建設（高さ 18m）

鋼管杭壁の建設

写真２　原子力発電所の津波防潮堤（東日本大震災後に建設された）

められている。

風力発電、太陽光発電など新エネルギーの開発が進められている。しかしながら、これらの新エネルギーが社会の主要エネルギー源となるまでには10年から20年以上の年月が必要になることも事実である。新エネルギーへの移行までの間、原子力エネルギーが果たす役割は依然として高い。

## 2-4　耐津波学のすすめ

東日本大震災は、防災分野の科学技術に対する国民の信頼を著しく低下させた。地震と津波の予知の失敗、原子力発電所の重大事故に代表される津波対策の不全、液状化による住宅被害、さらには臨海コンビナート地区での火災や爆発などが科学技術に対する不信感を増大させた。「安心社会の創成」のよりどころの一つは科学技術への信頼である。それが東日本大震災によって崩れてしまった。

発生が逼迫しているとされる南海トラフ巨大地震では、東海地方から九州地方にかけて、震度7を含む強い揺れが発生するとともに、20mを超える大津波が襲来することが予想されている。この大津波に対してどのように備えるのか。防災科学技術に対する国民の信頼を回復するため、従来からの「耐震工学」に加えて、「耐津波学」の構築とそれに基づいた津波対策の推進が焦眉の課題である。

「耐津波学」の構想を持つに至ったきっかけは、東日本大震災および２００４年スマトラ島沖地震インド洋大津波による被害調査である。東日本大震災では、多くの住宅、建物、橋梁などが津波により破壊されたが、これらの惨状の中で、津波に対して構造的に持ちこたえた構造物も見られた。同じような事例をインド洋大津波でも経験した。スマトラ島北端のバンダ・アチェ市の海岸線近くに建設されていたモスクやコンクリートの橋梁が、10 mを超える高さの津波に耐えたのである。これらのことは津波に対して構造的に耐えられる構築物を建設することが可能であることを示した。

また、東日本大震災では、震災前に繰り返し行われていた防災教育や津波避難訓練が、小・中学校の多くの児童・生徒の生命を救った。将来の大津波に対して、ハード面、ソフト面からの対策を講じ、津波災害を軽減することが求められている。

東日本大震災は、原子力発電所の重大事故を含めて、次の世代へ極めて大きな負の遺産を残すことになった。近い将来発生するとされている巨大地震と津波により、再びこのような災害を繰り返すことは許されない。このため、「耐津波学の構築」と、それに基づいた津波対策の推進に関して、以下の6項目を提唱した。

① **地質学的視点からの世界の津波履歴の調査**：東日本大震災における津波予知失敗の要因の一つに、予知が数百年間程度の古文書などの記述の調査に重点をおいてきたことが考えられる。千年から数千年のオーダで繰り返される津波については、ボーリングなどによる津波堆積物の調査を、わが国だけでなく世界的に実施し、これらの情報を共有して

津波予知のための基礎資料とする。

②**津波に耐える社会基盤施設と建築物の建設**：東日本大震災では、数は少ないが建築物、土木構造物が津波に耐えて生き残った。津波による外力を科学的に解明し、津波に耐える建物と橋梁、防潮堤などの防災施設を建設する。

③**津波に強いまちづくり**：陸上に遡上した津波の挙動の数値解析結果に基づいて、居住地域の選択、街路の設計、丘陵地での宅地造成、津波避難施設の整備により、津波に強いまちづくりを推進する。

④**ライフラインシステムと産業施設の耐津波性の向上と早期復旧**：東日本大震災では、下水道施設をはじめ、多くのライフラインシステムと産業施設が津波により甚大な被害を受けた。津波による波力、漂流物の衝突および浸水に対して機能維持と早期復旧を図るための対策を進める。

⑤**広域にわたる災害実態の早期把握と情報収集・伝達のための体制整備**：今後発生が予想される広域自然災害に対し、人命救助、緊急対応および応急復旧のため被害情報の収集伝達体制を整備する。

⑥**防災教育と防災訓練の推進**：岩手県釜石市や宮城県気仙沼市での児童・生徒の津波による死亡・行方不明率は総人口に対する死亡・行方不明率の１／10以下で、小中学校で震

表１　釜石市および気仙沼市における防災教育

| | | 釜石市 | 気仙沼市 |
|---|---|---|---|
| 総人口の死者・行方不明率 | | $\frac{1,091}{39,508}$＝2.78% | $\frac{1,407}{74,247}$＝1.89% |
| 生徒・児童の死者・行方不明率 | | $\frac{5}{3,244}$＝0.15% | $\frac{12}{6,054}$＝0.19% |
| 防災教育 | 目的 | 『自分の命は自分で守ることのできるチカラ』をつける | 自助・共助による減災 |
| | デジタルツール | 動く津波ハザードマップ | 津波ディジタルライブラリ |

災前より継続的に行われていた、防災訓練や避難訓練の効果が顕著に表れた。失敗事例も含めて防災教育と防災訓練の効果を検証し、防災教育、防災訓練のあり方を検討する。

以上のように耐津波学を構築し、津波対策を推進するためには、理学・工学だけでなく、社会学・経済学・法学などの人文社会学、および情報科学さらには緊急医療分野を包含した分野横断的連携が不可欠である。このため、津波災害に関連する学協会は相互の連携を一層強化することが求められている。

# 3　大地は動く

# 3-1　側方流動研究のはじまり

1983年5月26日、マグニチュード7．7の日本海中部地震が秋田県西方沖約100㎞の海底で発生し、秋田市、能代市を中心とした地域で被害を発生させた。特に地盤の液状化によりライフライン埋設管路に被害が集中した。

1983年は、筆者が15年間勤務した建設会社を退職し、東海大学海洋学部に移った年である。転職して約2か月後に地震が発生した。

民間会社より大学に移り、まず困ったことは研究費の不足である。大学、特に工学部の教員は大学から支給される研究費だけでは十分な研究活動を行えないし、研究室を維持していけない。実験や調査に参加する学生に旅費やアルバイト料も払えない。調査の費用にも困ることになる。

そこで、建設会社のころから交友関係にあったガス会社の友人に電話をかけ、「日本海中部地震でライフラインが相当被害を受けたようなので調査に行きたい。ガス管の被害を中心に調査するので旅費が出ないか」と持ちかけた。しばらく回答がなかったが、ようやく同じ年の12月に入って「日本海中部地震によるガス管の被害とその原因に関する考察」という題目で委託研究を出してもらうことが決まった。早速、調査の準備に取りかかったが、ガス会社より連絡があって、会社から2名の技術者を同行させるとのことである。新米の大学教員なので、きちっと調査するかどうか心配で見張り役を付けたのではないかと考えている。

ようやく12月下旬になって秋田に出発することができた。秋田空港よりレンタカーを借り、液状化が激しく発生したと報告されている八郎潟に向かった。しかし、現地に着くころには雪が降りだし、地面が白一色となって、液状化による噴砂や、地割れの痕跡を確認することができない。風が強くなり、寒さも一段と厳しくなって調査どころではなくなった。

日が暮れかかってきたので、近くの男鹿温泉の旅館に一泊することとなった。同行してきたガス会社の職員が2人とも酒好きだということもあって、その夜は受託した調査のこともすっかり忘れて、秋田の地酒を堪能することができた。

翌日の朝、もう一度気を引き締めて能代市のガス・水道局に被害状況の調査に出かけた。そのときに見せられたのが図1の写真である。45度の曲り部でガス管が完全に破断し、70㎝も破断面が開いている。別の写真は一度破断した管が互いに食い込んでいることを示している。能代市の職員より、「どうしてこのようなことが起きるのか」と逆に質問を受けたが、答えに窮してしまった。地震の揺れによる地盤の変位振幅は大きい場合でも10㎝くらいと考えていたので、70㎝も離れるというのは理解できなかったのである。この2枚の写真が側方流動研究の出

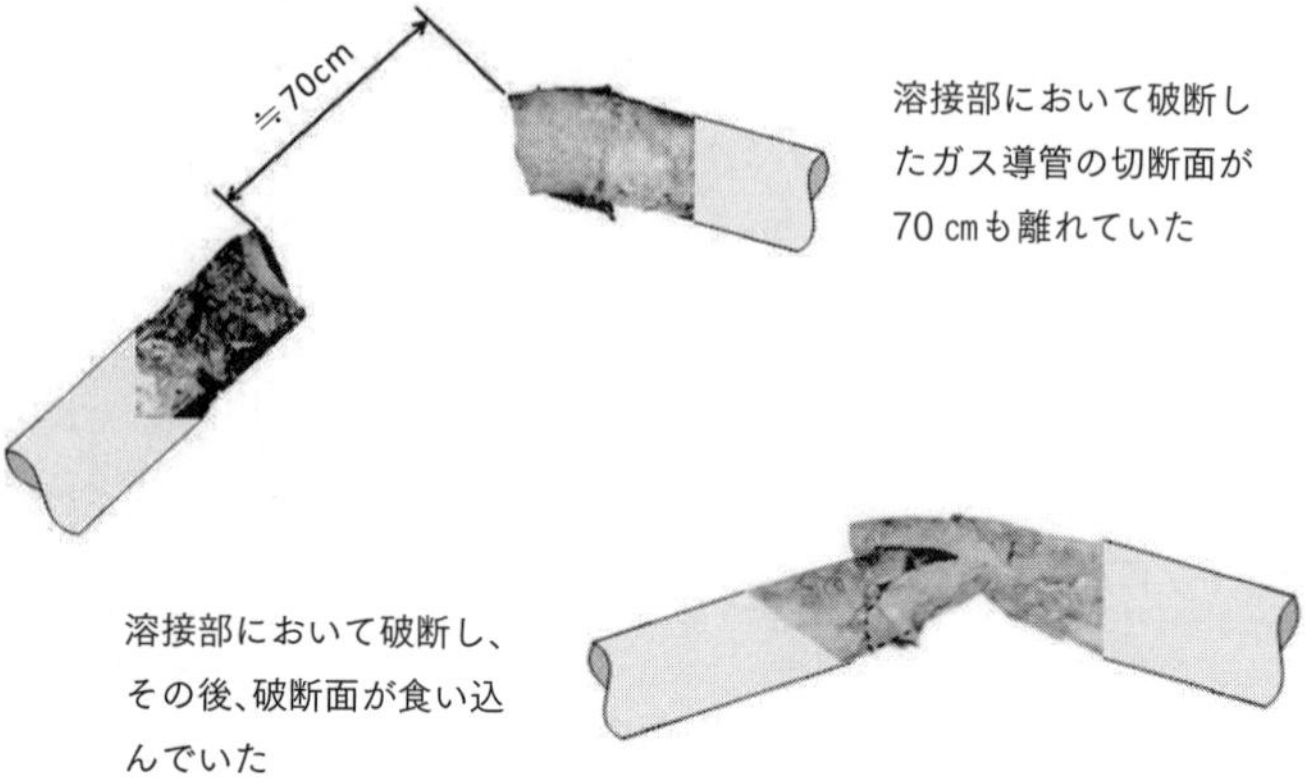
≒70cm
溶接部において破断したガス導管の切断面が70 ㎝も離れていた
溶接部において破断し、その後、破断面が食い込んでいた

図1　1983年日本海中部地震によるガス管の被害

発点となった。

## 3-2　地表面変位の測量

地震直後の能代市街地の写真を見ると、地震前は真っ直ぐであったと思われる道路が横方向に大きくはらみ出し曲がっている。筆者らの調査でも、住宅の地籍境界石が地震後、庭のほぼ中央に移動していた事例があった。地盤が水平方向に動いたのではないか。それも数mというオーダで変位したのではないかという感触を持った。

地震前後で地盤がどのくらい動いたかを測量できないか。地盤の変位が大きいと思われる地域で、三角測量と平板測量を行った。測量によって地震後の市街地図を描きなおし、地震前の市街地図と比較して、地盤の変位を定量的に導き出すという方法である。しかし、この方法は失敗に終わった。地震後の測量による市街地図の精度が低く、地震後報告されていた地盤の地割れなどの変状と整合する結果は得られなかった。

そんなときに、航空写真測量を試してみてはどうか、というアドバイスを懇意にしていた航空測量会社の職員の方よりもらった。地震前後にそれぞれ同一の場所を撮影した航空写真を用いて測量を行い、地表面に固定されている標的の3次元座標の地震前後の差を求めるという方法である。地表面に固定されている標的を測量の対象とした。例えば、マンホールの蓋や側溝の角、電柱の根元などが標的として選ばれた。地表面に適切な標的がない場合は、地震による傾斜や水平移動がない家屋の屋根の角を標的として選定した。

航空写真測量の結果、能代市南部にある前山地区で、最大5mもの地表面の水平変位が測定された。前山は、現在の海岸線よりは離れているが、もともと砂丘であった場所で、勾配が1～2%の緩やかな傾斜地である。地表面がこの傾斜に沿って下方に大きく水平移動していたことが測量の結果で判明した。測量会社より報告書が提出されたとき、筆者自身、これは測量の間違いではないかと考えた。地震によって地盤がこれほど水平変位することは信じ難い。しかし、前述したガス管の破断が70㎝も離れていた付近の測量結果を見ると、図に示すように45度の曲り部で、地盤変位が管路全体に外側押し広げるように生じており、管に生じた引張力と曲

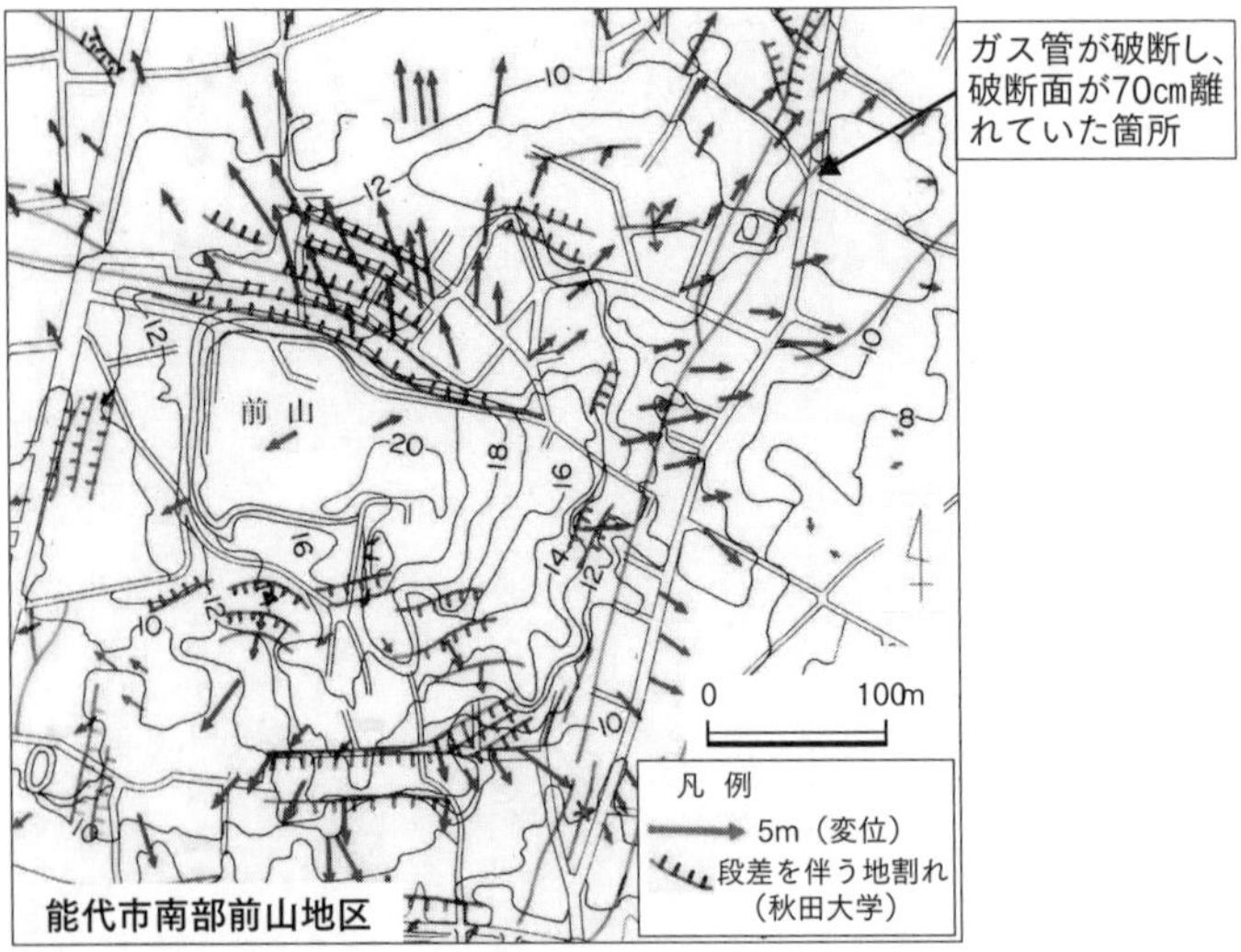

図２　航空写真測量による地表面の水平変位

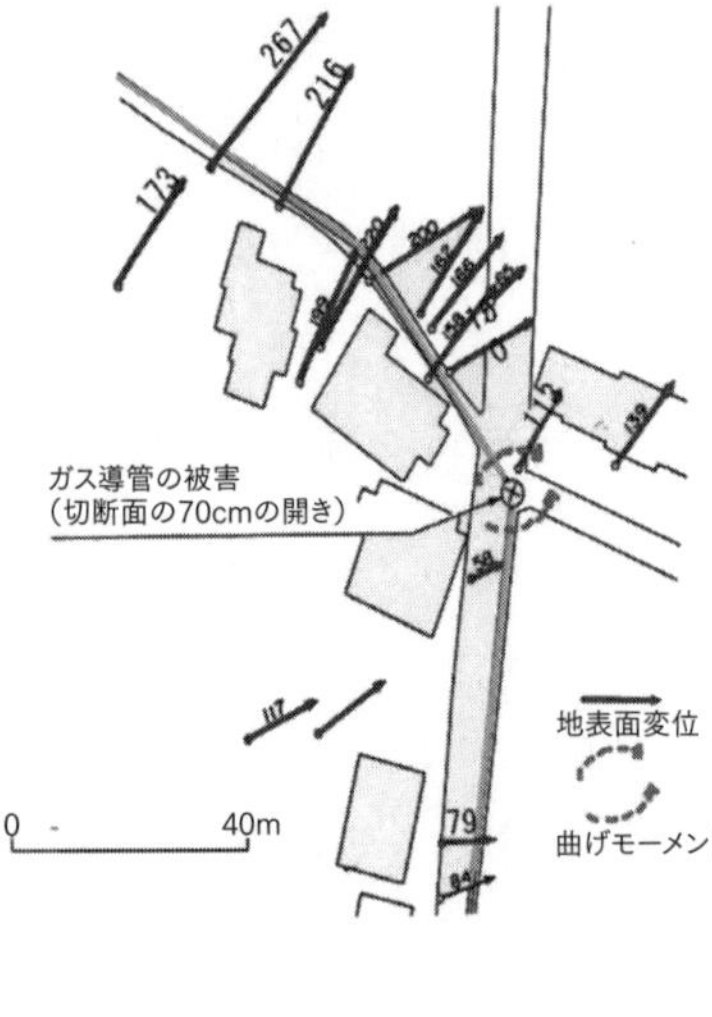

図３　ガス導管が破断した位置での地盤変位（矢印の数値は水平変位、cm）

げにより、曲り部が破断し、その後破断面が別々に変位したことが理解できた。

## 3-3　学会の反応

土木学会の地震工学委員会は、地震被害や土木構造物の耐震性に関する調査・研究成果の情報交換の場としての役割を担っている。委員会の定例会で能代市での地盤変位の測定結果を報告した。前述の能代市前山周辺の測量結果である。委員の一人であるS教授より「測量の結果は信じ難い。測量の間違いだから、もう一度検討し直すように」との忠告があった。地震で地盤が数mのオーダで水平変位することはあり得ないという意見である。筆者も能代での測量以前は、同様な感じを持っていた。S教授のほかにも多くの委員は測量結果に疑心暗鬼の様子であった。委員会の場で地盤変位の測量結果の妥当性について説明しても、理解してもらえないと考えて、その場での反論は差し控えた。筆者はそのころは若手研究者の一人であり、先輩研究者とまともに論争することをその場では遠慮したのである。

その当時、東海大学海洋学部に勤務するとともに、一般財団法人地震予知総合研究振興にも籍を置いていた。振興会には、地球物理学で著名な力武常次先生がおられたので、地盤変位の測定結果を報告した。先生は黙って筆者の話を聞いておられたが、説明後開口一番「大地は動くだね」と言われた。地球物理学の研究者にとっては、地盤が数mも移動するということに何の疑問も持っていなかったのである。限られた分野のみで研究活動をしていると、とかくその専門分野の〝常識〟に対して何の疑問も抱かなくなる。液状化地盤の数mもの変位が土木分野の多くの研究者に受け入れられなかったのもその一例である。

## 3-4　1964年新潟地震による側方流動

日本海中部地震以前で、液状化が発生した過去の地震でも、同じようなことが起こっていたのではないか。1964年の新潟地震についても側方流動による地盤変位を調査することになった。新潟地震では、新潟市の信濃川および阿賀野川沿岸地域のほぼ全域にわたって地盤の液状化が発生し、数か月前に竣工した昭和大橋の落橋、ライフライン埋設管路の被害、建物の傾斜と沈下などの被害が発生した。地盤の液状化現象とそれによる被害がはじめて工学的観点より認識された地震であった。

地震前後の航空写真を用いた測量で、信濃川と阿賀野川の流域で地盤が数mの水平移動を生じていたことが示された。液状化によって4階建ての鉄筋コンクリートアパートが転倒したことで知られている信濃川左岸の川岸町では、最大で10 mを超す水平変位が測定された。

これらの測量結果を、再び土木学会の委員会で報告した。委員の反応は前回と全く同じであった。「液状化によって地盤が数m、まして10 m以上も動くはずがない。測量の間違いだ。」というのが大方の見方であった。

地盤が水平に動いたというはっきりとした証拠が必要だ。地震発生より20年以上経った時点でも何か残っていないだろうか。航空写真測量を行った翌年の夏、地盤の水平移動の痕跡を探すため、東京ガスの職員と新潟市に出かけた。一日中、新潟市を歩き回ったが、これはという地盤変位の痕跡は見つからない。二人とも疲れて、信濃川の左岸の堤防の上を新潟駅のほうへ戻ってきた。そのとき、万代橋左岸側の川沿いの道路の変状に気づいた。万代橋の橋台付近で堤防と道路が不自然に曲がっている。橋台付近では、堤防が橋台側へ凹んでいる。このことは、測量に使った地震前後の航空写真を注意深く見ていれば一目瞭然に気づいたはずであった。新潟から帰って航空写真を改めて見てみた。明らかに地震前後で堤防と道路が曲がっている。川沿いの建物の背後の塀も不自然に曲がっている。万代橋の橋台付近では橋台の基礎に地盤変位が抑制されて減少しているが、橋台より離れた場所では大きく地盤が川の中心に向って動き出したことを示している。

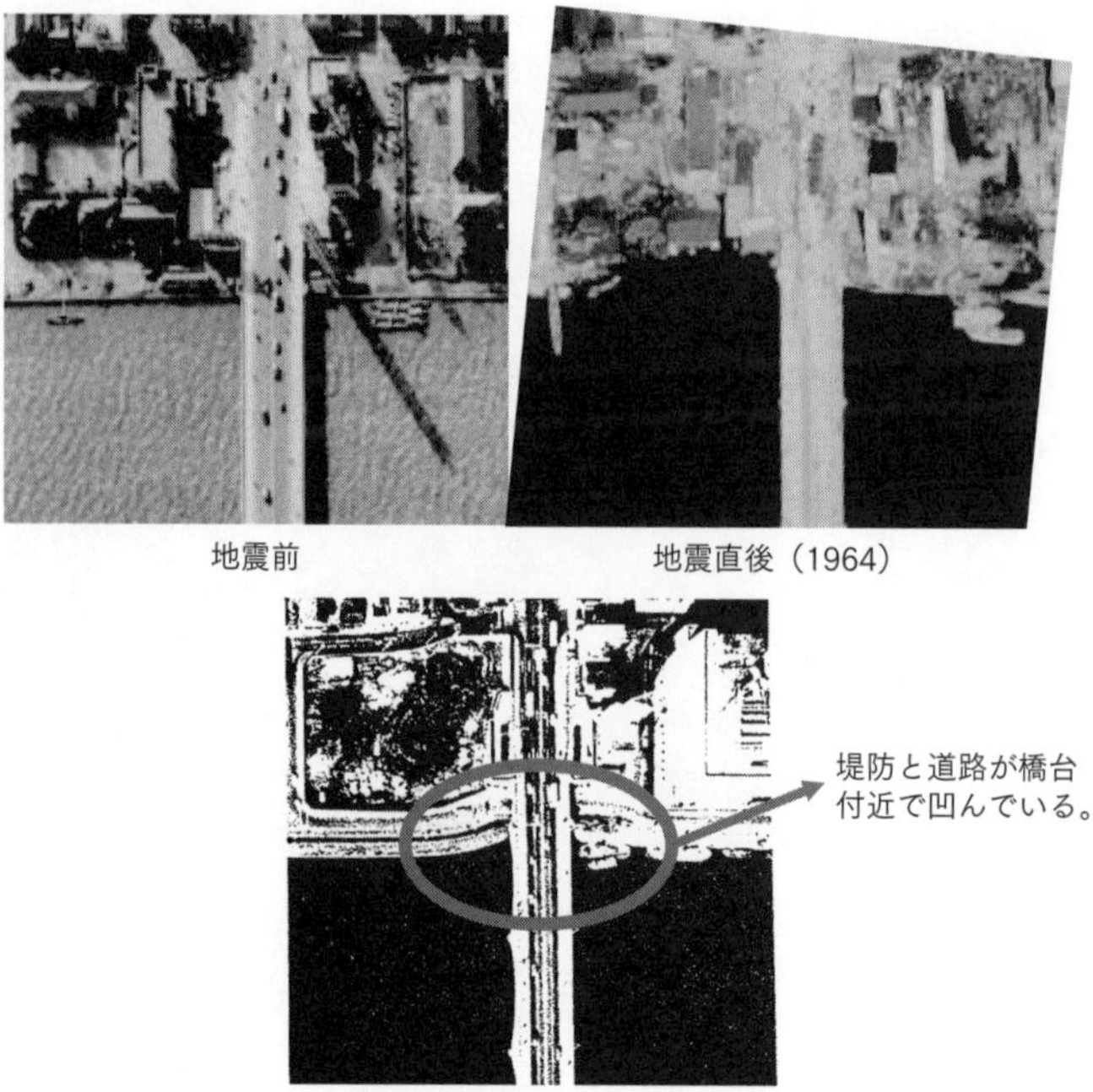

地震前
地震直後（1964）

護岸の復旧後（1971）

写真１　万代橋左岸の状況の変遷

新潟市の地盤変位の測定を行っていたころ、建設会社時代の同僚であったK氏が地震予知総合研究振興会の神田の事務所に訪ねてきて、開口一番「新潟地震による建物の被害を調査していたところ、不思議なことが見つかった」という。新潟地震で傾斜と沈下を生じた建物を建て替えるため地下を掘削したところ、直径30㎝のコンクリート杭がことごとく折れていたということである。コンクリート杭の破壊は上下2か所で発

写真２　側方流動により破壊されたコンクリート杭（建物の基礎杭が新潟地震によってすべて破壊されていたことが、地震後約 20 年経って発見された。上下２か所で破壊している。河村壮一氏撮影）

生していた。この建物は地震によって傾斜と沈下を生じたが、使用不能という状況でなく、約20年の間、床を水平に張り替えてそのまま使用していたという。建替えで、はじめてすべてのコンクリート杭が破壊されていることがわかったのである。床を張り替えただけで20年間も使用できていたのだから、「はじめから杭基礎など必要なかったのではないか」と冗談を言う者もいた。この建物はＮＨＫの旧放送局の３階建ての建物で、筆者の知人でＮＨＫの解説委員をしていた柳川喜郎氏（ＮＨＫを退職後、岐阜県御嵩町の町長に当選し、２期８年間在職した）に聞くと、「新潟放送局に出張すると、いつも体がふらつくような感じがした。特に階段の踊り場でそう感じることが多かった。」という話をしていた。

写真3　側方流動により曲がった道路（地表面が右より左に最大で5m移動した。地表面変位に差があったため、地震前、直線であった道路が曲がった。）

新潟地震前後の航空写真を用いて、信濃川から阿賀野川にかけての領域にかけて、地盤変位を測定した。阿賀野川流域の大形地区では地震前、直線であった道路が曲がったことが示された。

新潟地震より25年後に、航空写真測量によって液状化地盤が最大で10ｍも水平変位していたことが明らかにされたが、地震直後、多くの新潟市の市民が、地盤が大幅に動いたのではないかという感触を持っていた。地震発生より約2か月後に開催された「新潟地震に関する市民座談会」で3人の市民が以下のような発言をしている。

A氏：私の家は信濃川から約40間（約70ｍ）の位置にありますが、屋敷は見たところ変わりませんが、敷地の間数を測

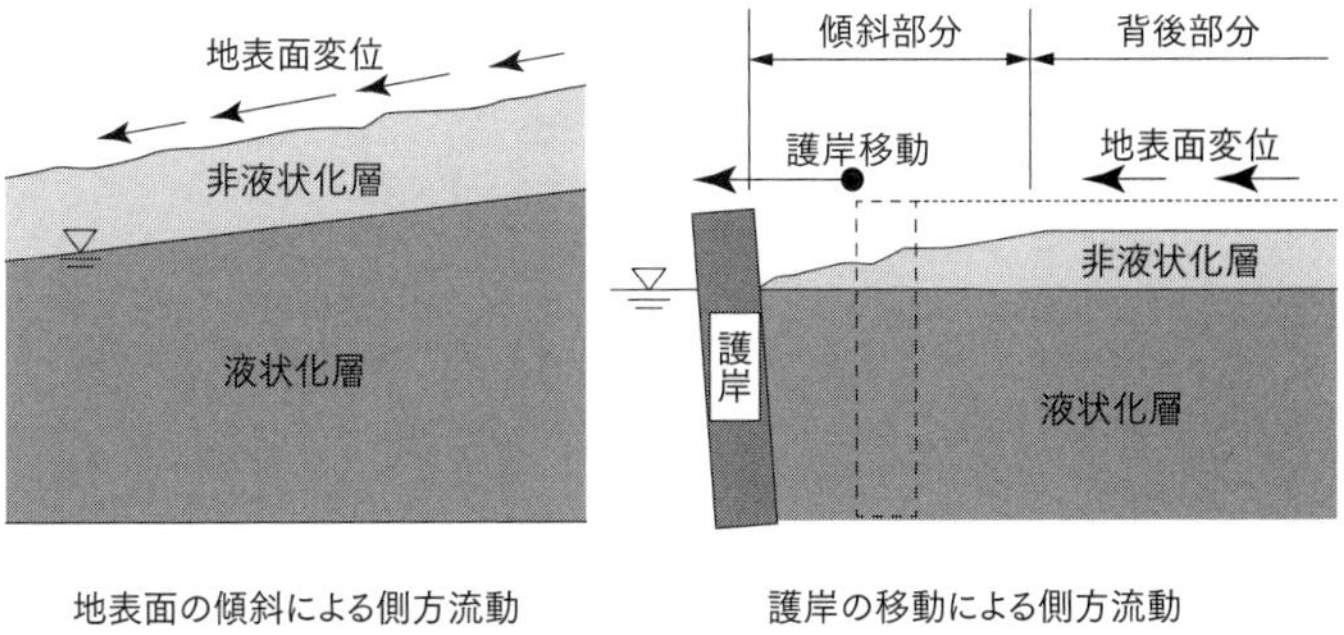


図４　液状化地盤の側方流動のタイプ

定してみたら１間半（約２．７ｍ）は楽に寸法が伸びているのです。地盤が街ぐるみ、家ぐるみで信濃川にはり出したためと思います。

Ｂ氏：私は今日八千代橋を渡ってこの会場に来たのですが、どうも橋際の土地が確かに信濃川の方へ伸びて土地が広くなったように感じました。

Ｃ氏：敷地の裏の生垣ぎりぎりに家が建っていたのですが、地震後楽々と通れるようになりました。表の道路の幅も広がっているし、隣の家も向かいの家も土地が広くなっているのです。どうしたことかと考えています。

前述の能代市と新潟市での地盤の水平変位（著者はこの現象を液状化地盤の〝側方流動〟と呼ぶことにした）には、図４に示す２種類があることがわかる。一つは能代市で観測された緩やかな砂丘斜面での側方流動であり、もう一つは新潟市で観測された信濃川の護岸が地震動や液状化により川側に大きく変位し、その背後の地盤が川方向に移動する側方流動である。いずれの場合も、地盤が液状化によって〝液体〟のような振舞を示し、地盤の自重により移動する現象と理解することができる。

側方流動による地盤の大変位に研究者が気づいたのは、新潟地震より約20年後１９８３年日本海中部地震である。前述のような市民の発言に研究者が注目していれば、側方流動に関する研究が進んでいたと考えられる。１９９５年兵庫県南部地震でも側方流動による地盤変位が原因で橋桁の落下やライフライン埋設管路の被害が多数発生した。側方流動に関する研究・開発が進み、対策が実施されていたら、これらの被害は防ぐことができたかも知れない。

新潟地震による社会基盤施設の被害の中で、注目されるのは昭和大橋の落橋である。昭和大橋は、新潟市での国民体育大会開催に合わせて地震発生の5か月前に完成したばかりであったが、橋桁が橋脚より移動し、落橋した。落橋の原因については二説ある。その一つの説は、地震の揺れによって橋脚が大きく振動し、隣り合う二つの橋脚の距離が開いて橋桁が落下したとするものである。もう一つの説は河床の地盤が液状化して、側方流動による水平変位を生じ、橋脚の基礎が押されて橋脚が変形したというものである。前者の説が正しいとすれば、地震の揺れが続いている間に落橋したことになるが、これを否定するようなタクシー運転手の証言が残されている。「タクシーを運転して、昭和大橋のほぼ中央に至ったときに地震の揺れを感じ

写真４　昭和大橋の落橋（1964年新潟地震）

た。車を止めて、地震の揺れが収まるまで待った。その間数分であったように思う。揺れが収まってから、車から出て、左岸側に走って逃げた。振り返ると、今渡ったばかりの橋桁が次々と川の中に落下していった」。この証言が信頼できるとすれば、落橋は地震の揺れが収まってから始まったと推定される。新潟地震による揺れはどのくらい長く続いたのか。新潟気象台による記録が残っている。それによれば主要部の継続時間はわずか30秒から40秒程度である。

昭和大橋の落橋原因のもう一つの説は、側方流動説であり、筆者が主張している。前述したように、液状化はその用語の示すとおり、地盤が液体のような振る舞いをすることである。液状化状態というのはどのくらい長く続くのか。液やや専門的な話になるが、液状化現象は砂の粒子間の隙間が水で満たされている場合に生ずる。間隙の水圧が上昇して、砂粒子の接触が外れ、水中で粒子がバラバラになる状態を液状化と呼んでいる。間隙水圧が減少して砂粒子の接触が元の状態に戻るまで、液状化は続き、側方流動も続く。新潟地震の地盤では、恐らくは数十分は継続したと思われる。タクシー運転手の証言によれば、落橋には短くても数分を要したと推定される。昭和大橋の落橋は地震の揺れでなく、側方流動が原因であると考えるのが筆者の説である。

## 3-5　日米共同研究

1983年の日本海中部地震を契機に、液状化地盤の側方流動に関する研究が開始された同じころ、米国コーネル大学でも同様な研究が始まっていた。トーマス・オルーク教授のグループによる研究である。

1906年のサンフランシスコ地震において、サンフランシスコ市の下町、ミッションクリーク周辺地域の地盤で、液状化が発生し、地盤が最大で約3m水平変位していたという報告である。

日本での研究のように、地震前後で航空写真が撮影されていなかったことから、地震後、地上で撮影された写真をもとに地盤変位の測定が使われた。サンフランシスコは、市街地の道路が碁盤の目のように矩形状に整備されている。オルーク教授らは、地震後に撮影された街路の写真で道路が直線でなく曲がっていることに気づいた。この曲りより定量的に道路の移動量を測定し、地盤の水平変位を求めた。ただし、この方法で求められた地盤の水平変位は絶対変位でなく、直線からのずれ量を表しており、〝オフセット変位〟と呼ばれている。１９６４年の新潟地震でも直線であった道路が曲がったことが多くの住民により証言され、約20年後の航空写真測量によってこのことが確認された。

オルーク教授の研究結果が、１９８６年にサウスカロライナ州チャールストンで開催された米国地震工学会で発表された。筆者もこの会議に出席していた。オルーク教授は、１９８３年日本海中部地震と１９６４年新潟地震での側方流動による地盤変位の測定結果を地震予知総合研究振興会で発刊した報告書で知っていた。日本と米国で同時期に同じような研究が進められていたのである。

会議の最終日、主催者の米国地震工学会による閉会パーティがチャールストン港を遊覧する観光船上で開かれた。エキシビションのチャールストンダンスを見ながら、バーボンウィスキーを飲み、オルーク教授と側方流動の研究を日米共同で進めることを話し合った。

写真５　日米共同研究ワークショップの開催（第１回〜第８回）

定期的に互いに研究成果を報告し、共同研究の方針を協議するため、「日米共同研究ワークショップ」を開催することになった。第一回のワークショップが１９８８年に東京で、その後、米国バッファロー、サンフランシスコ、ホノルル、スノーバード（ユタ州）、東京、シアトル、そして東京で計８回開催された。

ワークショップでは、側方流動と液状化に対するライフライン施設の耐震設計と耐震補強、液状化危険度評価、地表地震断層対策など、広範囲なテーマが取り上げられた。これらのワークショップで発表された論文は、米国国立地震工学研究センター（Multi-Disciplinary Center for Earthquake Engineering Research）によって出版されている。

日米共同研究の成果の一つは、既往地震における液状化地盤の側方流動のケーススタディである。この調査結果も米国国立地震工学研究センターよりCase Studies of

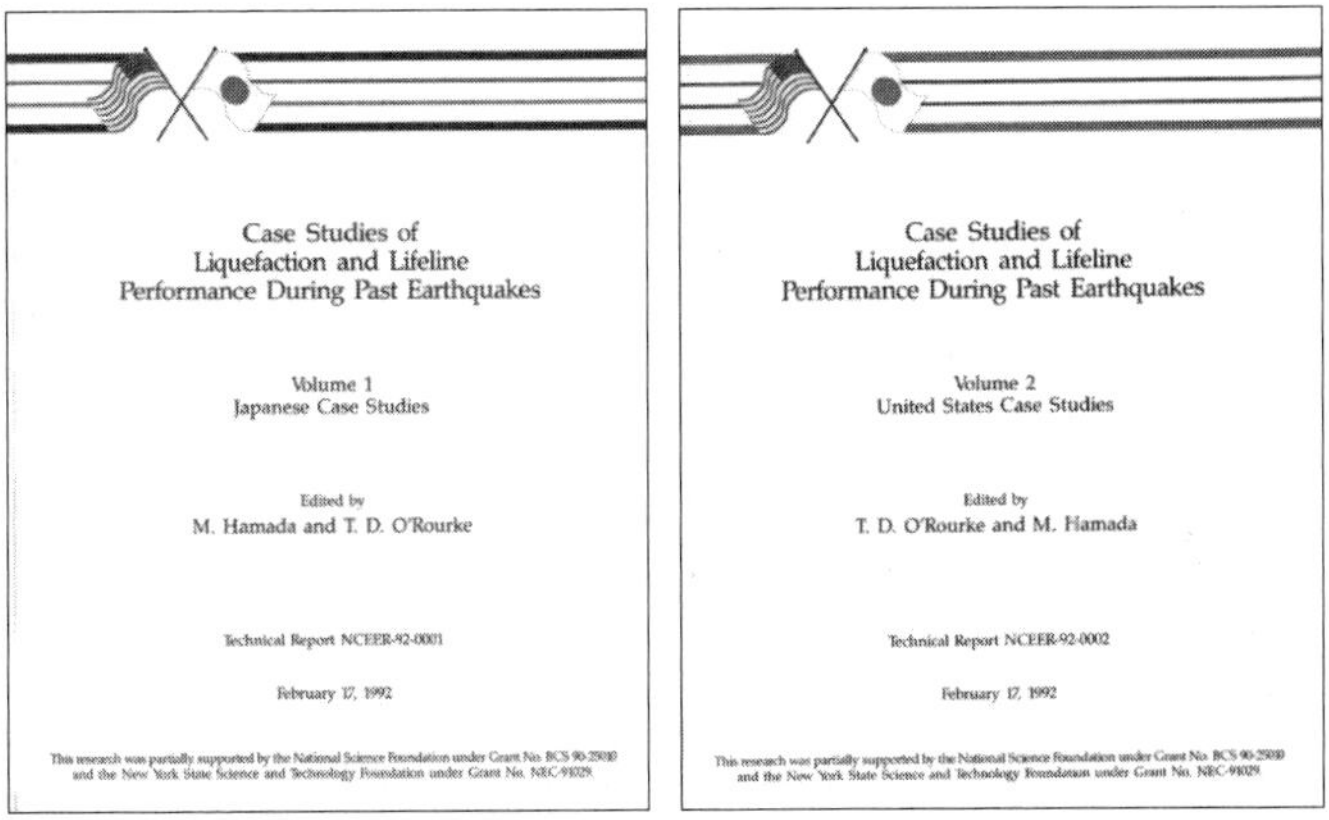


図５　日米による流動事例研究の報告書（日本：6 地震，米国：5 地震）

Liquefaction and Lifeline Performance during Past Earthquakes, Volume 1 (Japanese Case Studies), Volume 2 (United States Case Studies) として出版されている。日本側のケーススタディでは、１９２３年関東地震、１９４８年福井地震、１９６４年新潟地震、１９８３年日本海中部地震、１９９０年フィリピン・ルソン島地震が対象となった。米国側のケーススタディでは、１９０６年サンフランシスコ地震、１９６４年アラスカ地震、１９７１年サンフェルナンド地震、１９７９年・１９８１年・１９８７年南カリフォルニア・インペリアルバーレー地震、１９８９年ロマ・プリータ地震が対象となった。

これらの地震のうち、米国カリフォルニアで発生したサンフェルナンド地震に関しては、日米共同で地震前後の航空写真を用いて地表面変位の測量が行われた。この結果、サンフェルナンドバレーにあるバンノーマン湖周辺において、最大３ｍの変位が測定された。航空写真による測量以前に米国の研究者により、直線道路のオフセット変位が２ｍ以上あったことが報告されており、航空写真測量結果との整合性が確認された。

地震前後の航空写真による側方流動による地盤変位の測定は、日本と米国の地震のみならず、１９９９年トルコ・コジャエリ地震、２０１０年ニュージーランド・ダーフィールド地震に関しても両国の研究者および関係者との共同で行われた。

トルコ・コジャエリ地震では、トルコ国の機密保持のため、航空写真を国外に持ち出すことが禁止されていた。このため、トルコ陸軍の軍人２名（ともに大佐と聞いていた）が、日本へ航空写真を運び、両名の監視下で航空写真測量が行われた。早稲田大学とトルコ陸軍の異色の共同研究として地盤変位の測定が行われた。

この結果、イスタンブールより東方約１００㎞に位置するサパンチャ湖東岸の砂質地盤で大規模な液状化が発生し、湖岸の地盤が最大で約４ｍ湖の方向へ水平移動していることが示された。湖畔に建設されていた5階建てのホテルが地盤の水平変位により、湖の方向へ移動し、傾斜した。このほか、サパンチャ湖の南岸では、数百ｍにわたって湖岸が地すべりを起し、湖岸にあった建物が湖底に引き込まれたという話を聞いたが、真偽のほどは定かではない。

側方流動の発生メカニズム解明のため、模型振動実験が、米国カリフォルニア大学サンディ

写真6　側方流動で数m水平移動したとされるホテル建物（1999年トルコ・コジャエリ地震）

写真7　共同実験の実施（UC. San Diego）

エゴ校と早稲田大学の共同で実施された。日本より、長さ5mの大型実験土槽が米国に運ばれ、サンディエゴ校の振動台を使って実験が行われた。早稲田大学から大学院生と学部生5名がサンディエゴ校に2か月間派遣され、エルガマール教授の指導の下、サンディエゴ校の学生とともに実験に参加した。帰国後、学生たちの「サーフィンが上達しました」との報告には複雑な気持ちになった。サンディエゴ校の学生たちと共同研究を行ったことは、学生の国際的視野を広げる意味では多少意味があったと信じている。

# 4　地震によって沈んだ島

# 4-1 別府湾瓜生島

１９８７年の春、大分県から二人の郷土史家が、静岡県清水市の東海大学海洋学部に訪ねてきた。用件は、「別府湾に瓜生島という島があって、地震により沈んだとの言い伝えがある。この真偽をめぐって、郷土史家の間で長い間論争が続けられてきた。論争は古文書の記述などをもとに行われている。自然科学的な見地から、本当に島が存在したかどうか、東海大学海洋学部で調べて欲しい。」とのことである。瓜生島の沈没とそれにまつわる謎とは概略、以下のとおりである。

慶長元年（１５９６年）の7月12日のことである。この日の夕方に起こったマグニチュード7．3の直下型地震で、別府湾にあった瓜生島が約千人の住民とともに海中に没した。マグニチュードは東京大学地震研究所による推定値である。瓜生島は東西と南北の長さがそれぞれ約3．5、2．5㎞で、港町として大いに栄えた島であったとされている。

瓜生島の名を最初に記載し、かつ現存する書物『豊府紀聞』により、慶長元年の地震と瓜生島沈没の様子を再現してみよう。

「慶長元年七月一二日の哺時（午後4時ごろ）、天下大地震。豊後もまた所々の地が裂け、山が崩れた。高崎山の山頂の巨石がことごとく落ち、その石が互いにぶつかりあって火を発した。同時に大海に大津波がたちまち起こり、押し寄せ、府内と近辺の村々を洋溢させた。

・・・中略・・・府内城（現大分城）の西北二十余町（約2．2㎞）に勢家村があり、さらにその勢家村の二十余町北に瓜生島と名づく島あり、瓜生島はまたの名を沖の浜ともいう。その町は東西を縦に、南北に並ぶ三筋の町から成り、農工商漁人が住んでいた。その瓜生島がことごとく沈没して海底となった」。

『豊府紀聞』にある瓜生島の記述には、以下の二つの大きな疑問点がある、と考えられている。そのことが瓜生島の存否に関する論争のもとになっている。

一つは、『豊府紀聞』が地震発生から約100年後に書かれていることである。100年間の伝聞をもとにして書かれているので、その記述の中には誇張があったり、事実でないことも含まれている可能性がある。

次の問題点は、『豊府紀聞』以前に執筆されたと考えられる古文書には「瓜生島の沈没の記述」がないことである。そのような記述をした古文書は発見されていない。港町として栄えた島が、多くの住民とともに海底に没したということが事実であれば、大事件である。100年もの間、記述が残されていないのは不自然である。これらのことが「瓜生島は本当に存在した

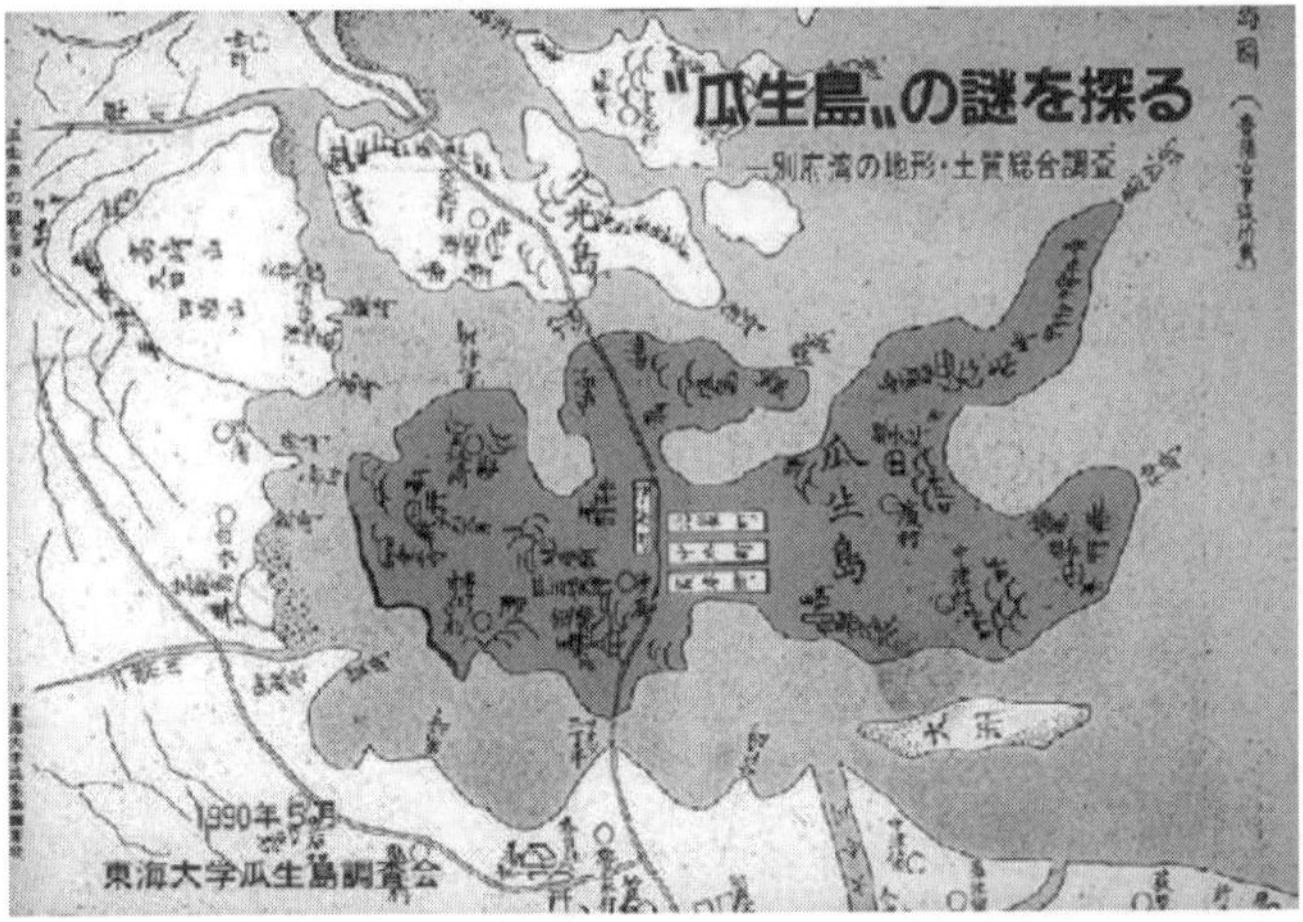


図１ 『豊陽古事伝』（1857 年）による瓜生島の古地図

のか？」という疑問を生じさせてきた。

図１に示したような瓜生島の地図が存在する。地震発生より２６０年以上経過した江戸年間に編集された『豊陽古事伝』（１８５７年）に付載されていた地図である。この地図を見ると、岬や入り江が詳細に描かれており、町の通りまで記述されている。一見、真実のようにも見えるが、島全体が別府湾全体に広がっている。野猿で有名な高崎山も左上に示されているが、この前面の海域にも島が広がっていたとされている。筆者らの水深測量によれば、高崎山の前面の海底は水深60ｍ以上である。マグニチュード７．３の地震だけでそこまで沈没することは考えにくい。

地震で沈没したとされる１５９６年以前に瓜生島または「沖の浜」に関して記述した記録は

いくつか残されている。

フランシスコ・ザビエルに関する記録：ザビエルの豊後訪問は地震より45年前の天文20（1551）年とされている。山口から豊後へ来たザビエルは、日出（ひじ）から船で沖の浜に着き、沖の浜から小舟で大分川を遡って大友館に着いた。

鄭舜功（ていしゅんこう）による記録：当時中国沿岸を荒らし回っていた倭寇の取締り要請のため、弘治2（1556）年春に来日した中国の使節鄭舜功（現在の広東省新安県出身）による記録である。鄭舜功の船は台風のため豊後に漂着した。入港した港が鳥気法邁（オキハマ）であった。鳥気法邁は沖の浜と考えられる。時の豊後の守護は大友宗麟で、鄭舜功は早速、馬に乗って宗麟に挨拶に行った。府内までの距離およそ5～6里（中国の里程、約3．0～3．6㎞）を「陸行」したという。この記録は「瓜生島」が島でなくて陸続きの岬のようなところとする説の有力な根拠になっている。鄭舜功は、府内に3年間滞在して帰国し、日本の歴史、風俗、地理および言語などについて、『日本一鑑』を書いた。

ルイス・フロイスのイエズス会への報告：ルイス・フロイスは永禄6（1563）年に来日し、34年間、布教活動を行った。イエズス会への報告「日本において1596年に起こったいくつかの奇跡の概説」の中で、沖の浜沈没に遭遇した男から聞いた話として次のように述べている。「府内より、3里（約4．8㎞）離れたところにオキノファマ（沖の浜）と呼ばれる大き

写真１　東海大学練習船による瓜生島調査

な村があります。この男のいうには、夜間突然、風を伴わず、海から波が押し寄せてきました。非常に大きな音と大きな力でその波は町の上に7ブラッチョ（約４ｍ）以上も立ち上がりました。その後、高い古木の頂から見たところによると、大変狂いじみた激烈さで、海が１里半以上も陸地に入り込み、波が引いたとき、沖の浜町に何物も残っていませんでした。町の外にいた人々は助かったが、あの地獄の巨人が捕まえた人々は、すべて呑み込まれ、連れ去られた。

〝瓜生島〟の存否、および存在した場合の沈没原因を調査するため、筆者らの研究グループ（東海大学海洋学部瓜生島調査会）は１９８7年より2年間、夏休みを利用して〝瓜生島〟があったとされる海域の海底地形と地盤の調査を行った。調査には望星丸II世と東海大

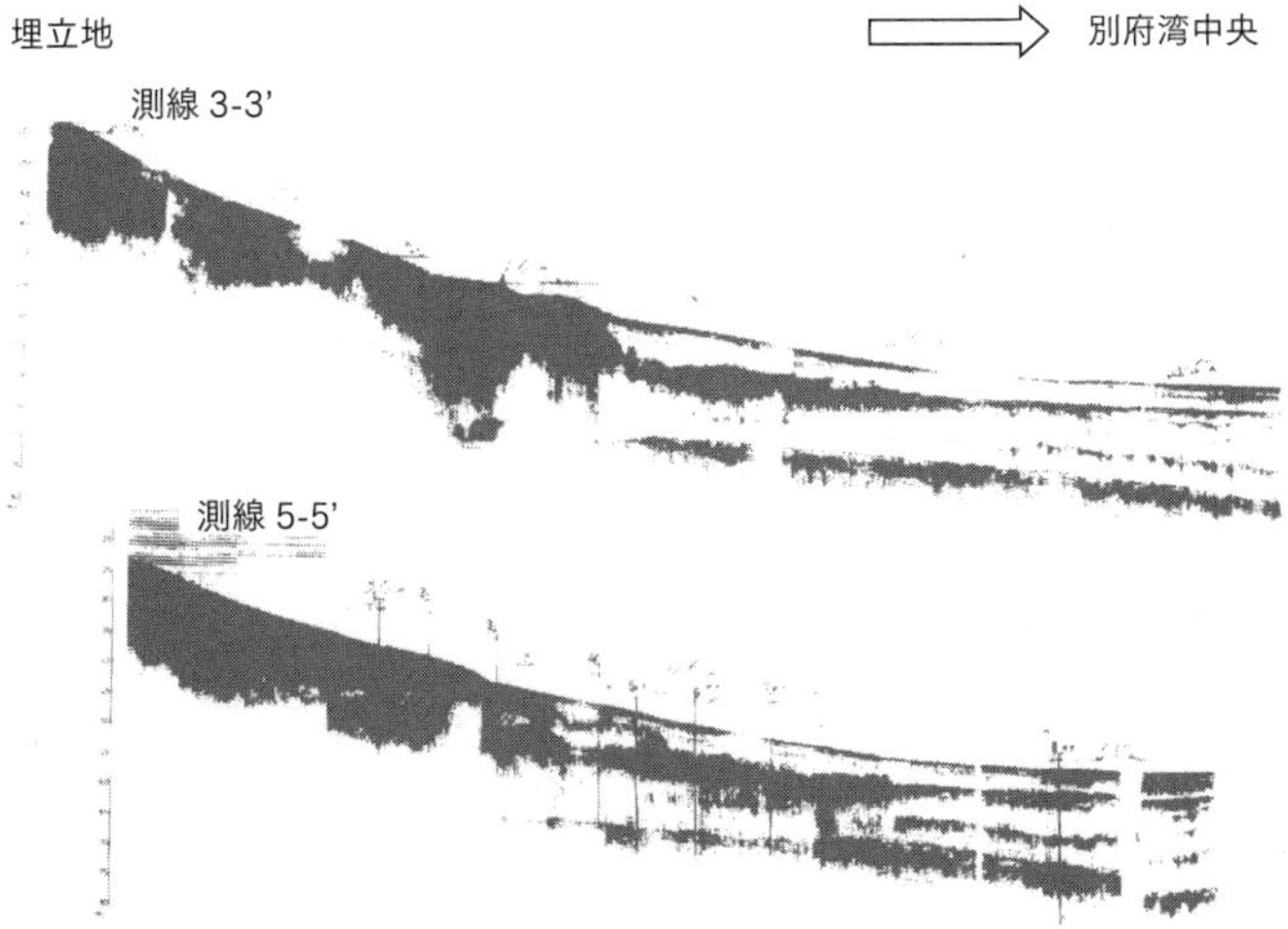


図２　海底の音波探査の記録（海底は埋立地より沖に向ってなだらかに傾斜しており、島が沈没した痕跡は見られない。音波探査によれば、埋立地近傍では地層が大きく攪拌されている。沖合では整然と地層が堆積している）

学丸Ⅱ世が参加した。

最初の調査は海底の起伏状況の調査である。周囲６㎞もの島が沈んだとされている。４００年経過しているとはいえ、島が存在したとすれば、海底には何らかの痕跡が残っているのではないか。しかしながら、海底面は陸域（現在の大分市の五号埋立地）より湾央部に向かって急深ではあるがほぼ滑らかに水深を増しており、海底面に大きな起伏があって、島の存在を示唆する痕跡は見あたらなかった。

しかし、海底地層の音波探査の結果、興味ある結果が得られた。陸域に近いところで音波が散乱して地層が大きく攪乱されていることがわかった。陸域より離れて湾央部に近づくにつれ、音波記録は整層状になり地層がほぼ整然と堆積していることを示している。攪乱された地層は大分川の河口とその周辺海域、すなわち瓜生島が存在したと考えられる地域のみに分布しており、ほかの海域では発見されていない。

海底地形の調査音波探査のほかにパイプを海底に打ち込んで、海底の土の堆積状況の調査が行われた。この結果、大分川の現在の河口より約１００ｍ離れた海底で、図３に示すような砂

写真２　ピストンコアラーによる別府湾海底土の採取

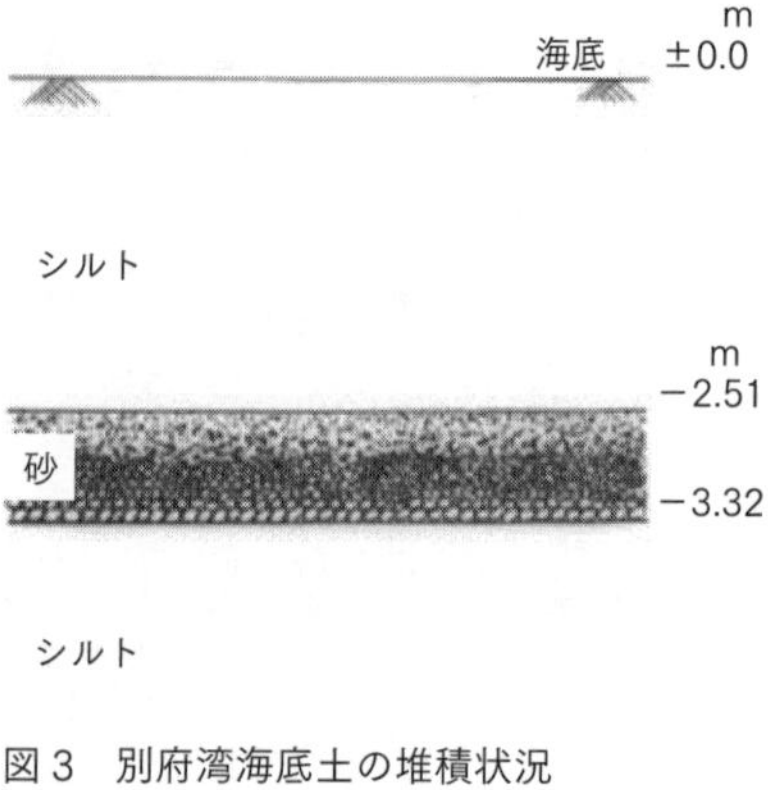


図３　別府湾海底土の堆積状況

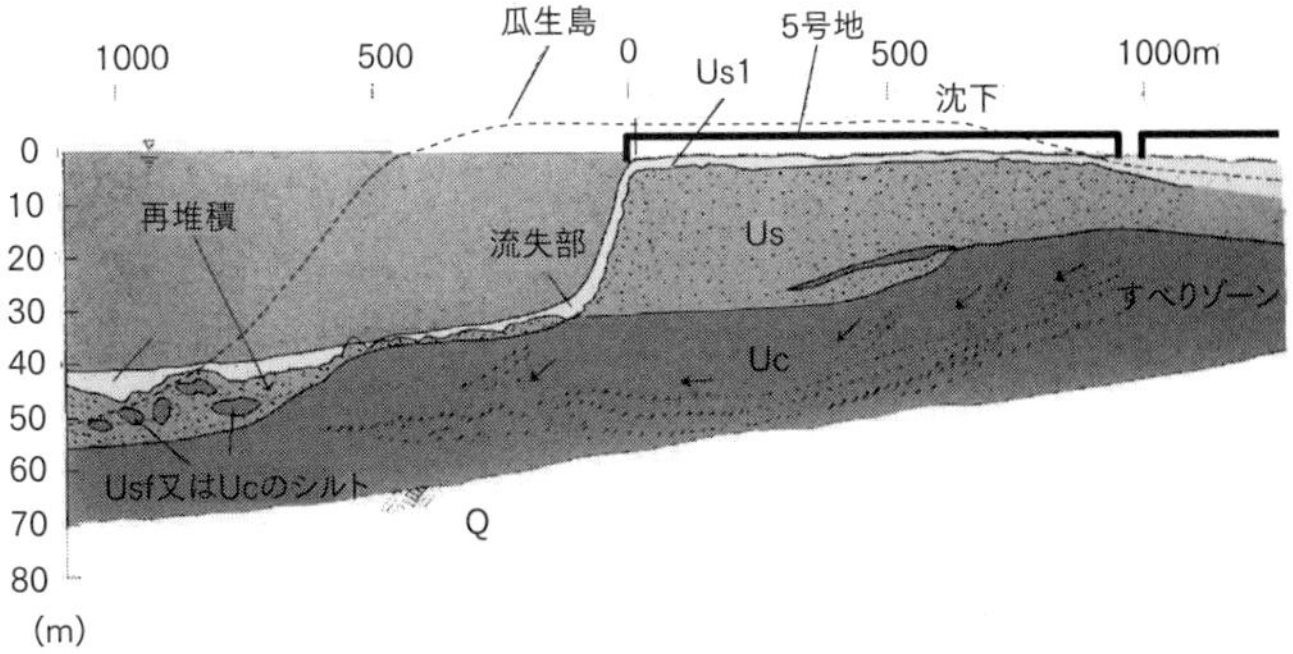


図４　瓜生島の海没原因の推定（液状化と海底地すべり）

の堆積状況が明らかになった。80㎝の厚さの砂の堆積であるが、深さに沿って粒径の細かい砂と荒い砂が順番に整然と堆積している。この堆積は、島の沈没によって攪乱された砂層が海中で再堆積して形成されたとも考えられる。水に飽和された砂をかき混ぜて放置するとこのような堆積になることが知られている。

　これらの調査結果をもとに、筆者らは瓜生島の存否と沈没の原因について、図4に示すような推論を立てた。

　瓜生島は大分川および隣接する大野川によって形成された砂州状の島（干潮時には本土と地続きであった可能性もあり〝島〟と呼ぶにはやや問題があったかもしれない）として存在したが、マグニチュード7．3の直下型地震によって大規模な液状化が発生し地盤が大きく沈下するとともに、島のかなりの部分が地すべりを起こして海底へ流失した。海面上に残った部分もあったが、その後の高波、高潮により徐々に沈下し、約100年後に完全に海面下に没した。前述の『豊府紀聞』の著者は、かなりの誇張をもって、地震により一気に島が沈没したような記述をしたのではないか。そのように考えれば、地震後１００年間も「瓜生島沈没」に関する古文書が発見されていないのも頷ける。この推論が、１９９０年６月に発生したフィリピン・ルソン島地震により裏づけられることになった。

## 4-2 ルソン島ナルバカン村の沈没

１９９０年7月16日に発生したマグニチュード7．8のフィリピン・ルソン島地震は橋梁、建物、ライフライン施設に大きな被害を与えたが、中でも北部のリンガエン湾沿岸地域での液状化被害は甚大であった。

液状化で人口約１０００人のナルバカン村が大規模な沈下を起し、一部が海面下に没した。ナルバカン村はリンガエン湾の西岸に発達した砂州上の集落であったが、写真3に示す地域が海面下に没した、とされている。

この村の村長は、当時の状況を次のように証言している。「地震の揺れは立って居られないほどの強さで、約1分間続いた。地震直後に外に出ると、至るところで熱い地下水が噴き出し

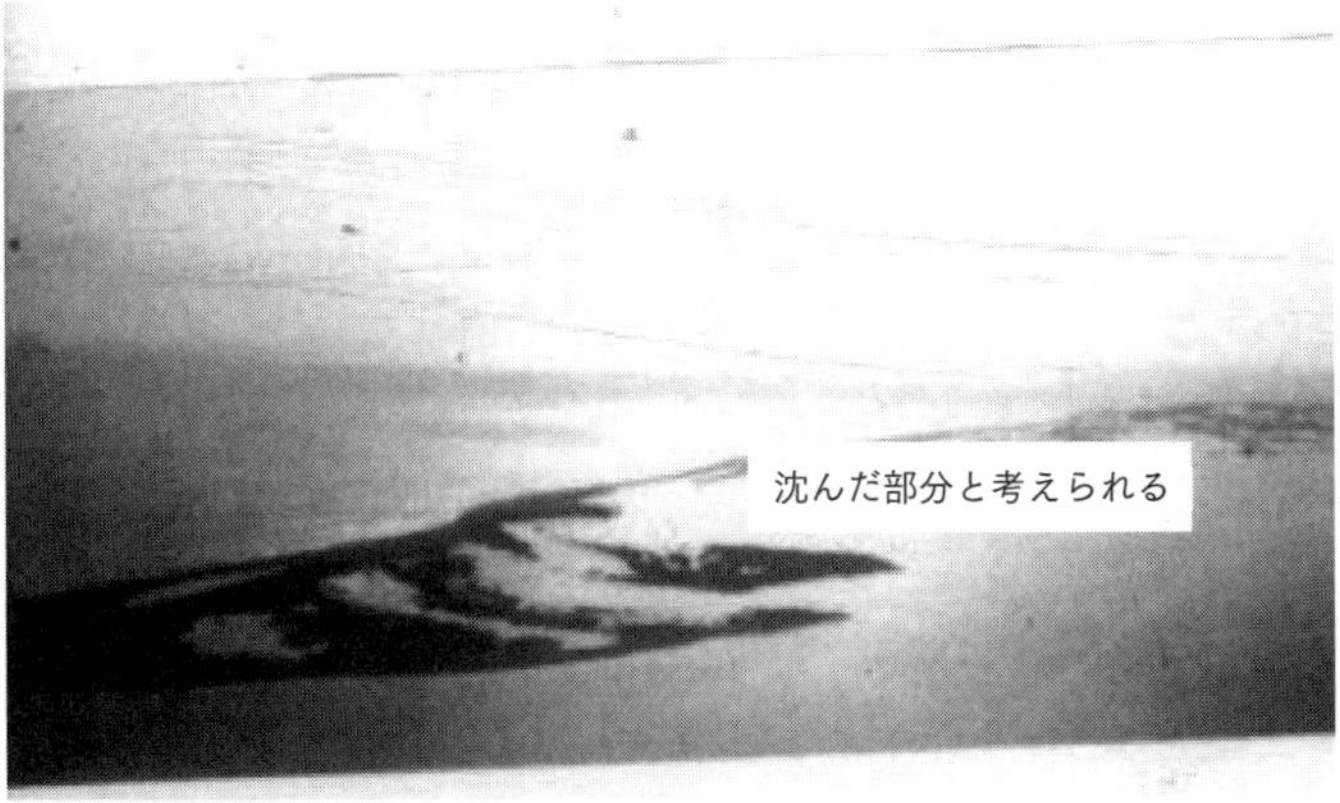


写真３　上空より見た地震後のナルバガン村の状況

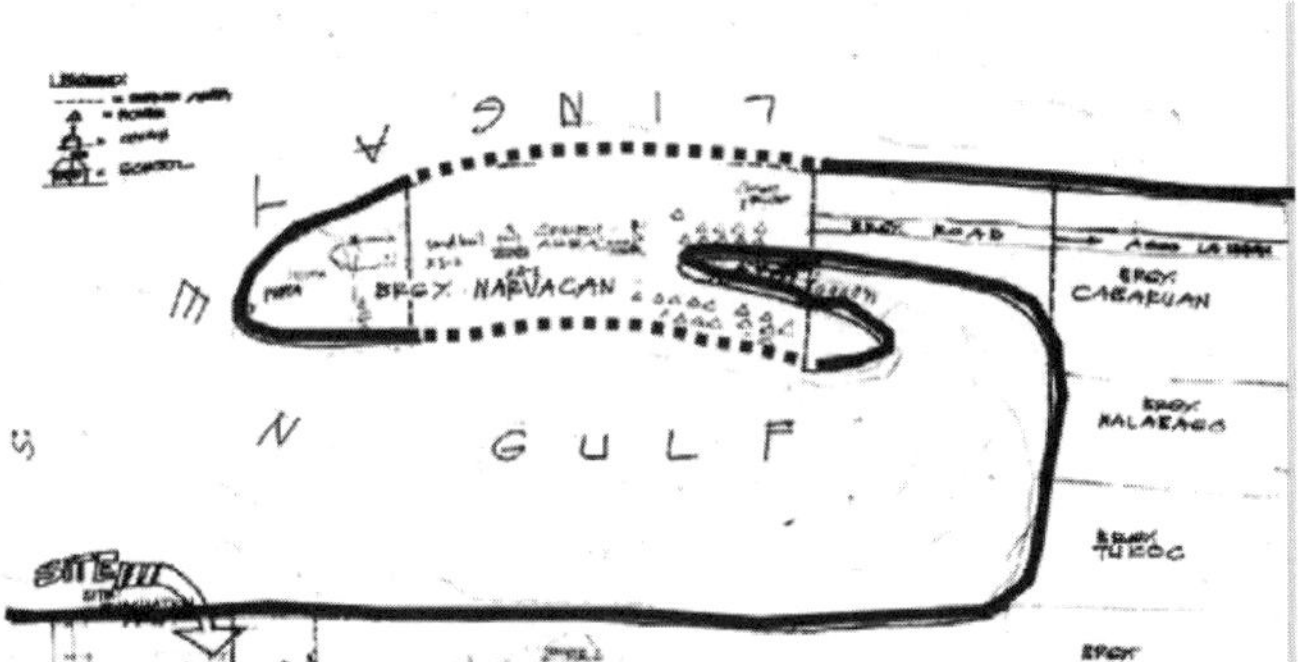


図５　村長が描いた地図（点線の部分が沈んだ部分。多数の家や、学校、教会などがあった）

写真４　ナルバガン村の状況（干潮時という）

ていた。海面上にも３か所で水柱が上がってい
た。地震後ゆっくり土地が沈んでいくのを感じた。30分ぐらい沈み続けたように思う。沈下量は大きいところで３ｍメートルに達した。」

筆者らの現地調査によっても、ナルバカン村とその周辺には数多くの液状化による噴砂孔が発見された。地盤の大規模な沈下が液状化によって引き起こされたことは確かである。

写真４は集落の内部の状況で、村人の話では「大潮の満潮時には写真に示すように軒下まで水位が上昇する。」とのことである。村が「水没した」といっても標高のやや高い部分は残っており、干潮時には住居などはそのほとんどを海面上に顔を出している状況である。「水没した」と表現すると、村全体が一気に海中に没したというような印象を受けやすいが、このナル

バカン村の状況は「液状化によって地盤が大規模な沈下を起こした」という表現のほうがより適切である。もちろん、この集落に住むことは不可能で、住民は対岸の本土側に移住し、集落は放棄されている。

筆者は、瓜生島の地震直後の状況はこのナルバカン村の状況と同じであったのではないかと推測する。居住が不可能になり、住民がいなくなることから瓜生島と同様な経緯をたどり、長い年月の間に高潮や高波の影響で水面下に没することになると考えられる。以上のように、地震による液状化で地盤が沈下し、その後、徐々に沈んでいったと考えれば、瓜生島の沈没に関して100年間も歴史がないことが理解できるのではないか。1990年にフィリピンで発生した地震が、わが国で約400年前に起こった瓜生島沈没の謎を解いてくれたと考えている。

瓜生島以外にも地震や津波によって沈んだ島に関する言い伝えは各地にある。島根県益田市の沖合にあって、柿本人麻呂の終焉の地と言われる鴨島、津軽半島の十三（とさ）湊、静岡県浜名湖の今切れなどがその例として挙げられる。

1990年トルコ・コジャエリ地震の記述で紹介したサパンチャ湖沿岸の水没など、海外でも同様な報告がされている。しかし、いかなる大地震によっても岩盤の島が一気に数十mの深さまで、海底に沈むということは考え難く、軟質な地盤が液状化などによりすべり、かつ大規模沈下を起こしたことがこれらの島の沈没の原因と推定される。

# 5　自然災害の軽減に向けて

# 5-1　1923年関東地震と耐震設計の始まり

　1923年関東地震（震災名：関東大震災）が発生してから、100年が経過した。関東大震災は、死者・行方不明者10万人以上、倒壊・焼失家屋57万棟で、わが国の災害史上、最悪・最大の災害である。

　明治維新以来、欧米から移入された建築技術で建設されてきた近代的建物も大きな被害を受けることになった。関東地震以前の建物の設計では地震による外力が考慮されていなかった。関東地震による建物、橋梁などの被害を受けて、現在でも用いられている「震度法による耐震設計」が行われるようになった。震度法は、地震の揺れによって構造物に生ずる慣性力を、自重に加えて外力として、構造物の安定と変形および応力度を算定し、耐震性を照査する設計方法である。

　どの程度の水平力を作用させればよいのか。慣性力は構造物の質量に地震による加速度を乗じた値である。当時は加速度の記録が十分でなかったので、水平力を設定するための確たる根拠がない。とりあえず、構造物の自重に、一定の係数を乗じて水平力とすることにした。この係数が「設計震度」、正確に表現すれば「工学的震度」と呼ばれる。「設計震度」は気象庁が発

写真１　1923年関東地震（地震動と火災により壊滅的被害が発生した）（写真提供：国立科学博物館地震資料室）

表する「震度階」とは異なる。

設計震度は当初多くの構造物で０．１と定められていた。自重の１割を水平方向に作用させて設計することにした。その後、構造物の重要度や、地震で破壊した場合の危険度を考慮することになった。現在では０．２の設計震度が用いられることが多い。原子力発電所の施設や高圧ガス施設では０．６以上の設計震度が用いられている。

設計震度０．２は加速度に置き換えると、重力加速度の９８０ガル（$cm/s^2$）を乗じた値、すなわち約２００ガルに相当する。

関東地震による地表面の加速度が、東京市（当時）の数か所で観測されていた。それらの記録によれば地表面の加速度の最大値は２００～３００ガルとされている。すなわち、設計

表1　地震被害と耐震設計法の変遷

| 地震 | マグニチュード | 犠牲者数 | 主要な被害 | 耐震設計法の発展 |
|---|---|---|---|---|
| 1923<br>関東地震 | 7.9 | 10万人以上 | ・明治維新以来の近代建築物の崩壊<br>・地震後の火災 | ・震度法による耐震設計の始まり<br>・その後修正震度法へ発展 |
| 1964<br>新潟地震 | 7.5 | 26 | ・液状化による被害と建築物の傾斜・倒壊、橋桁の落下 | ・液状化判定法の開発<br>・地盤の液状化対策<br>・液状化に対する基礎の耐震設計 |
| 1968<br>十勝沖地震 | 7.9 | 52 | ・鉄筋コンクリート建物の崩壊 | ・鉄筋コンクリート建物の塑性設計法の導入<br>・動的応答解析法の設計への導入 |
| 1978<br>宮城県沖地震 | 7.9 | 28 | ・ライフライン施設の被害<br>・液状化による埋設管の被害 | ・液状化に対する耐震設計の開発<br>・液状化対策 |
| 1995<br>兵庫県南部地震 | 7.3 | 6,440 | ・震源近傍域に発生した強烈な地震動による土木・建築物の崩壊 | ・2段階地震動による耐震設計<br>・性能規定型設計<br>・確率論的手法による設計地震動の設定 |
| 2003<br>十勝沖地震 | 8.0 | 2 | ・長周期地震動によるタンク火災 | ・長周期地震動の予測法の開発<br>・超高層建物の耐震性照査と補強<br>・重油等タンク内溶液のスロッシング振動<br>・大型貯槽の安全性の照査 |
| 2011<br>東北地方太平洋沖地震 | 9.0 | 22,000 | ・津波による住宅・建築物の破壊・流出<br>・ライフライン（下水道施設）の被害<br>・原子力発電所の重大事故 | ・市街地の津波対策、避難シェルターの建設<br>・原子力発電所の津波対策<br>・ライフライン施設の津波対策 |

震度０．２は関東地震による東京での地震の揺れの強さの下限値を想定して定められたと考えることができる。

この設計震度は関東地震以後、長く構造の耐震設計で引き継がれることになった。しかし、１９９５年兵庫県南部地震により、神戸市で８００ガルを超える極めて大きな加速度が観測された。関東地震以来、構造物の耐震設計で想定した加速度を大幅に超える加速度であった。関東地震は、相模湾を震源とする地震で、東京までの震源距離は約１００㎞、マグニチュードは７．９とされている。これに対し、兵庫県南部地震は、マグニチュード７．３の内陸活断層によって引き起こされた。阪神地区に至近距離の活断層による地震であったため、都市圏に大きな加速度を発生させた。内陸活断層近傍に発生する強烈な地震動は兵庫県南部地震以前の耐震設計では考慮されていなかった。

兵庫県南部地震による建物、橋梁などの甚大な被害を受け、神戸で発生したような地震動を従来の設計で用いられてきた地震動（レベル１地震動）に加えて、レベル２地震動として耐震設計で考慮することになった。

関東地震および兵庫県南部地震に加えて、表１に示す地震によりさまざまな被害を経験してきた。これらの被害を教訓として耐震設計法が改定され、発展してきた。

# 5-2　自然災害の世界的増加

暴風・大雨・洪水などの気象災害が世界的に増大している。図1は１９４９年から２０２０年までの約70年間に１０００人以上の犠牲者を出した気象災害の全世界での発生件数を5年ごとに示している。１９８９年以降気象災害の発生件数が増加し、21世紀に入ってもその傾向は続いている。

その原因は何か。地球の温暖化とそれに伴う自然環境の変化が影響していると考えられる。気温上昇による海面上昇、都市域のヒートアイランド現象、森林と耕地の喪失、砂漠化の進行および河岸・海岸の浸食など自然環境の劣化が気象災害を増加させていると推定されている。

１９４９年～２０２０年の72年間で死者・行方不明者１０００人以上の風水害は世界全体で62件発生しているが、その内、54件はアジアで発生している。また、同期間での犠牲者は世界で３０７万人であるが、その内約95％の２９０万人はアジアである。

図2に示すように、地震・津波災害も１９８０年代に入って増加しているが、２０１４年からの10年間では減少している。図３にマグニチュード7以上の地震の世界での発生回数を示す。１９８４年以降、地震の発生回数は若干増加傾向にはあるが、地震・津波による災害件数の急

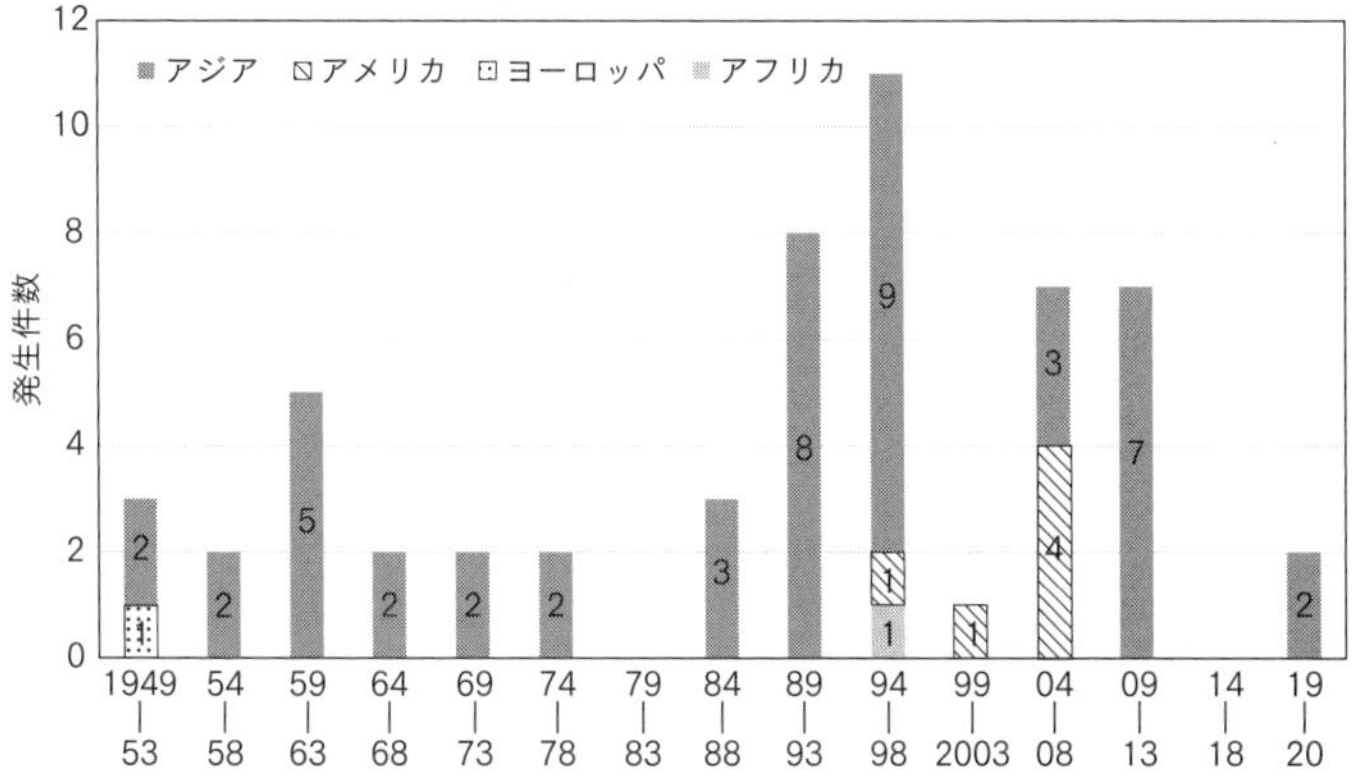


図1　1,000人以上の死者・行方不明者を出した風水害（洪水・台風・ハリケーンなど）の発生件数（1949～2020、62件発生）（「令和3年版防災白書、付属資料23　1900年以降の世界の主な自然災害の状況、内閣府」をもとに作成）

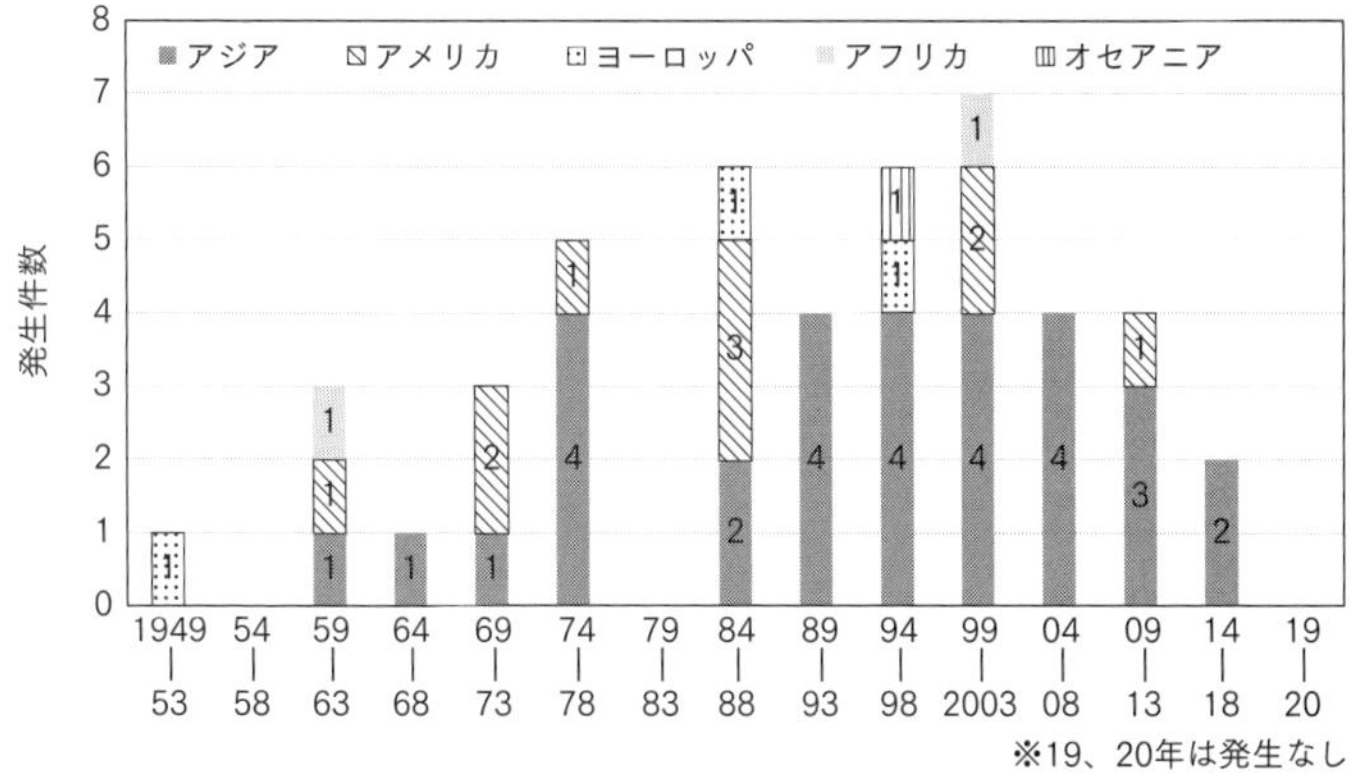


図2　1,000人以上の死者・行方不明者を出した地震・津波災害の発生件数（1949～2020、46件発生）（「令和3年版防災白書、付属資料23　1900年以降の世界の主な自然災害の状況、内閣府」をもとに作成）

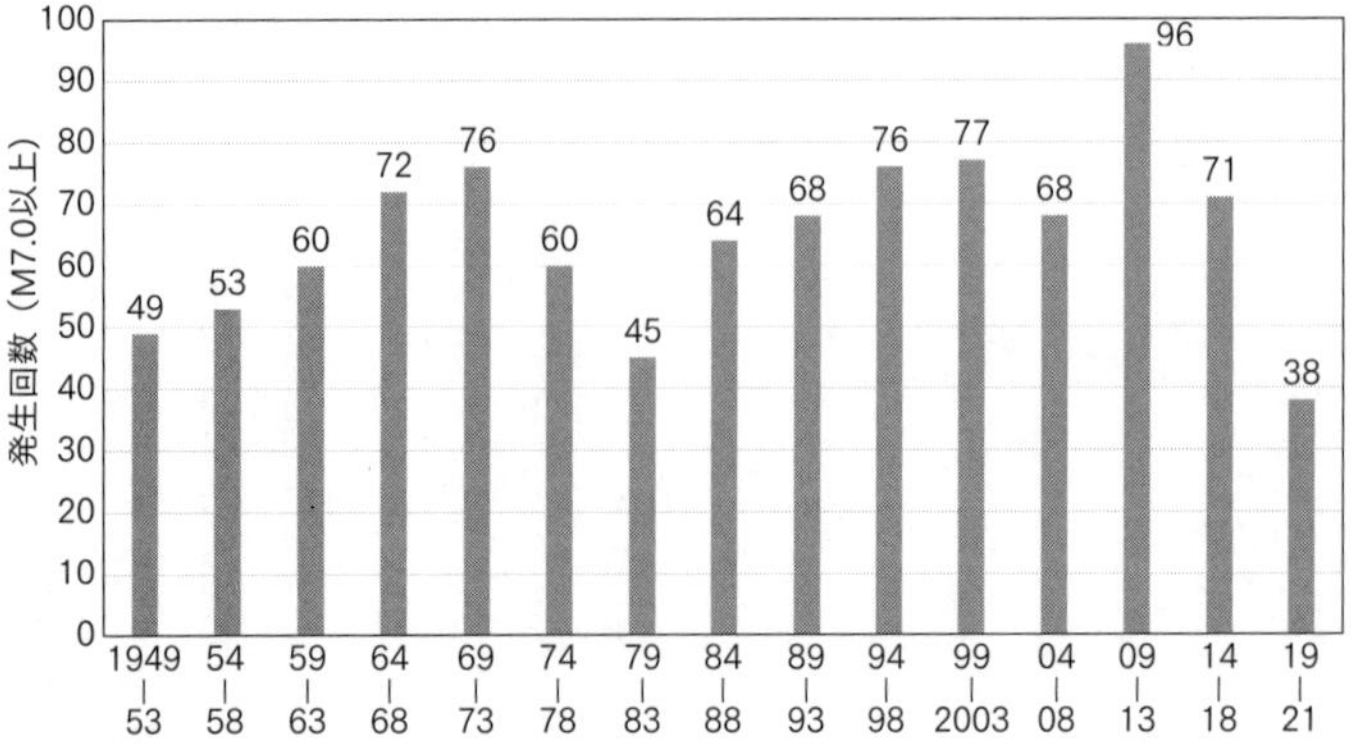


図３　マグニチュードMw7.0以上の地震の発生回数（1949～2021、973回発生）（米国地質調査所（USGS）のデータをもとに作成）

激な増加とは整合性がない。１９４６年より２０２０年の70年間で１０００人以上の犠牲者を出した地震・津波災害は世界で46回発生しているが、その内35件はアジアで発生している。また、同期間における地震・津波による犠牲者は全世界で１４２万人であるが、その内１０５万人はアジアである。

アジア地域で、土レンガ造りなどの耐震性が極めて低い住居の崩壊が、人命損失の最大要因となっている。アジアでは財政的な問題もあって住居の耐震化は進められていない。貧困が自然災害を拡大させ、そのことがまた貧困の度合を悪化させるという悪循環に陥っている。この悪循環を断ち切るためには、防災分野だけでは不十分である。国土構造や社会基盤施設の構築などを含めた総合的な支援が求められている。

防災先進国として世界の自然災害軽減に貢献することがわが国に課せられた課題であり、アジアでの災害を軽減するための国際協力を推進することが求められている。戦災も含めて、多様で深刻な数々の災害を乗り越え、経済発展を成し遂げたわが国に対する防災分野での期待は、アジア諸国を中心に高い。この期待に応えることを、わが国の国際協力の基本戦略に位置付ける必要がある。

## 5-3　学術会議の提言

２００６年6月に国土交通大臣より、日本学術会議会に「地球規模の自然災害の変化に対応した災害軽減のあり方について」、以下の事項が諮問された。

諮問１：地球規模の自然環境の変化や社会の自然災害への脆弱性が進行する状況下で、今後想定される災害の態様を分析すること

諮問２：災害の態様の変化を踏まえ、国土構造と社会システムのどの部分に、災害に対する脆弱性が存在するのかを評価すること

諮問３：効率的、効果的に災害を軽減するための国土構造と社会システムの在り方を検討す

ること

国土交通大臣からの諮問に対する答申を、筆者を委員長とする課題別委員会「地球規模の自然災害に対して安全・安心な社会基盤の構築委員会」で以下のようにとりまとめた。

一．安全・安心な社会の構築へのパラダイム変換

将来の自然災害に対して、「短期的な経済効率重視の視点」から、「安全・安心な社会の構築」を最重要課題としたパラダイムの変換を図る。

二．社会基盤整備の適正水準

自然災害軽減のための社会基盤整備に向けて、長期的で適正な公的資金の配分を図る必要がある。社会基盤整備の適正水準の設定には、人命・財産の損失はもとより、国力の低下、国土の荒廃、景観や文化の破壊および国民への心理的な打撃などを評価する必要がある。

三．国土構造の再構築

将来の自然災害による被害を軽減するためには、長期的な視点での均衡ある国土構造の再構築が不可欠である。人口・資産の分散によるリスク軽減、将来の人口減を踏まえた、災害脆弱地域の住民自らによる、リスクを考慮した適正な居住地選択、土地利用の適正化、首都機能のバックアップ体制の確立および復旧・復興活動のための交通網の整備、

が必要である。

四．ハード・ソフト対策の併用

巨大自然災害による被害軽減のため、防災社会基盤施設の補強などのハード面での対策を進める。防災教育・災害経験の伝承、避難・救急と復旧・復興体制の整備、災害時の情報収集と発信、および医療体制の強化など、ソフト面での対策を促進する。また、早期の復興に向け、被害の範囲や程度を減少させ、復興を容易にする社会構造を構築する。

五．「災害認知社会」の構築

異常気象の増大に対する防災基盤施設の未整備に加え、少子高齢化、核家族化、情報化および国際化による社会の脆弱性を評価し、この結果を広く公開して「災害認知社会」を構築する。

六．防災教育の充実

自然災害発生のメカニズムに関する基礎知識、異常現象を判断する理解力および災害を予測する能力を養うため、学校教育における理科、社会科などのカリキュラム内容の見直し、防災基礎教育の充実を図る。

七．防災分野の国際支援

防災分野の国際支援は、社会、経済、農業、環境、理学・工学、教育などの活動と密接に関連しており、各分野間の連携が不可欠である。また、各省庁が国内対応の延長として、国境の隔てなく戦略的な国際支援を実施できる体制を構築する。

八．災害の要因となる自然現象予測のための観測システムの充実

地震・津波・火山噴火・極端気象など災害の要因となる自然現象の発生と推移の予測に向けて、観測モニタリングシステムを持続的に充実させる。数百年～数千年に一度の低頻度大規模現象に関して地質学的な調査も含めた研究により被害の規模と形態の推定を行う。

九．国土および社会構造の防災性向上に関する研究開発の促進

国土構造および社会構造の災害脆弱性を克服するため、科学技術と防災社会システムに関する調査研究を研究機関および大学が連携して推進する。国はこれを組織・体制および財政面より支援する。

十．防災分野における日本学術会議の役割

日本学術会議は、自然災害軽減に向けて、政策および研究の方向性について積極的に提言を行う。また、理学・工学、生命科学、人文科学を含めた学際研究、学協会横断的研究を推進するとともに、世界の自然災害軽減のため、国際共同研究を推進して防災技術と知識の海外移転を図る。

## 5-4　内陸活断層による地震リスク―2016年熊本地震―

２０１６年４月16日、熊本県を中心とした地域でマグニチュード７．３の熊本地震が発生し、住宅、公共建築物、橋梁、トンネル、斜面、盛土などが被害を受けた。熊本地震は内陸活断層による地震の予知の難しさと、断層近傍に発生する強烈な地震動を改めて認識する機会となった。

気象庁は、４月14日21時26分に発生したマグニチュード６．５の地震を本震とし、余震活動を経て地震活動が収束するとの見方を示していた。２日後の16日午前１時25分にマグニチュード７．３の地震が発生し、これを本震と訂正した。従来から、内陸活断層によって発生する地震を予知することは困難だとされてきた。どの断層がいつどの程度の規模で動くことを、数日あるいは数週間の前に予測することはほとんど不可能である。わが国には２０００余りの内陸活断層があるとされているが、これに含まれない活断層（伏在断層）でも地震が発生している。２００４年新潟県中越地震および２００８年岩手・宮城内陸地震では、活断層の存在が認定されていない領域を震源として地震が発生した。一般に、マグニチュード７以下の地震では断層の破壊面が地表に出現しない場合がある。このような伏在断層による地震の予知も不可能である。

南海トラフ沿いなどのプレート境界に発生する地震は、内陸活断層による地震に比較し、発生位置の予測は可能と考えられていたが、これも東北地方太平洋沖地震が予知できなかったことから、その難しさが改めて認識された。

熊本地震では、建設年代が古く、耐震性の低い家屋の倒壊などにより250人以上の死者が出た。犠牲者の多くは60歳以上の高齢者である。核家族化や山間地での過疎化が進み、高齢者が単独で居住している場合が多い。高齢者が居住する家屋の耐震化が進んでいないことも、被害拡大の要因の一つと考えられる。

1995年阪神・淡路大震災では家屋と建物の倒壊が主な要因となって、5500人以上の人命が失われた。この経験を教訓として、既存不適格建物の耐震化が進められてきた。耐震化のための公的補助の限界や個人の費用負担などの問題があり、計画どおりには耐震化が進められてない。特に人口増と過密化が進んでいる大都市圏では、公的補助の拡大も含めて解決の方向性を探らなければならない。

4月16日未明のマグニチュード7．3の地震の発生から、当日の日没まで、マスコミなどの報道によれば犠牲者は11人とされていた。ところが、実際には行方不明者を含めて250人以上になった。1995年阪神・淡路大震災、2011年東日本大震災でも地震直後の犠牲者の推計数は現実とはかけ離れていた。いずれの地震でも発生後時間が経過するにつれて犠牲者の数が増加した。組織的な情報収集と一元化が熊本地震でも十分でなかった。これが緊急対応の遅れにつながり、多くの犠牲者を出すことになったのではないかと考える。地震後のある程度の情報の混乱は避けようがないが、より迅速に被害情報を収集し、共有化して緊急対応の戦略を策定することが、人命損失軽減のための重要な課題である。

熊本地震は、被災者の保護に関しても課題を残した。避難所の不足から、多くの被災者が屋外や車中に寝泊まりし、その結果、いわゆるエコノミー症候群で命を落とすことになった。2004年新潟県中越地震でも車中泊が原因で9人の被災者が地震後亡くなった。一部の地域では飲料水や食料の供給不足も発生した。長蛇の列で2時間も待ってにぎり飯二つが支給された。このような事態が防災先進国と言われるわが国で許されるのか。この問題も災害発生後の被災者の保護のあり方に課題を提起することになった。

また、地震発生後時間が経つにつれて、救援物資の過剰供給や、逆に物資を必要とする被災者への配送の遅れが目立つようになった。被災した自治体の職員やNPOによるボランティアが最大限の努力をしたことは高く評価されなければならないが、救援物資の調達と配送などに民間の専門事業者も参画した国としての戦略が必要である。

熊本県阿蘇地域の地盤は阿蘇山の噴火による火山噴出物の堆積によって造られている。もと

写真２　斜面の崩壊（2016年熊本地震、火山灰土を主体とする斜面が崩壊した）

もと斜面崩壊や地すべりが発生しやすい地形・土質条件を有している。１９８４年の長野県西部地震では御嶽山の山体の一部が地震によって崩壊し、大量の土砂が谷を数㎞にわたってすべり落ち、下流の王滝村に達して、29人もの犠牲者が発生した。また岩手・宮城内陸地震でも、火山灰土の斜面が崩壊して23人の犠牲者を出している。このような大規模な斜面崩壊は人工的には制御しようがなく、予め危険地域を指定し、住民の注意を喚起する対応しか考えられない。

熊本地震では、それ以前に経験してきた災害を繰り返すことになった。地震災害が発生するたびに、「地震による被害と被災体験を教訓として次の災害に備えなければならない」と言われるが、熊本地震の状況を見ると具体的な解決策が打ち出せないまま、同じような災害がまた繰り返したという思いがある。

## 5-5　地表地震断層への対応

地震を引き起す断層を「地震断層」という。地震断層による地殻の破壊が上方に伝播し、地表に現れたものを地表地震断層という。地表地震断層によって主要な社会基盤施設に被害が発生した事例はわが国では少ない。１９２３年関東地震において掘削中の東海道線円那トンネルが地震断層によって切断された。１９９５年兵庫県南部地震において建設中の本州内関連橋の主塔間が断層変位によって80㎝伸びたが、橋桁の架設前であったため、実質的な被害は免れた。地震後、橋桁の長さを延長して連絡橋が無事に完成した。

国外においては地表断層による被害がしばしば報告されている。１９９９年台湾中部地震では、地表地震断層によって高さ25ｍの貯水用のコンクリートダムが破壊された。幸いなことに乾期でダム湖の水位が低かったため、大事には至らなかった。また同じく１９９９年トルコ・コジャエリ地震では、地表地震断層が高速道路の高架橋と斜めに交叉し、橋脚間の距離が増加したため橋脚が落下したが、幸いなことに人命は失われなかった。

写真3　台湾中部地震（1999）によるコンクリートダムの破壊

将来の地表地震断層に対して対策を講じている例は国内外にある。わが国では、東海道新幹線建設時に、東海地震に連動して富士川右岸の入山瀬断層が動くことが予測された。このため断層変位による橋桁の落下を防ぐため、桁座（橋脚の天端で橋桁が設置される部分）の拡幅が行われた。また断層変位によって損傷を受けると考えられる橋の部材を予測し、右岸に建てられた格納倉庫に予備の部材を保管している。幸いなことに、現在まで、これを使用するような地震被害は発生していない。倉庫での予備部材の保管は新幹線の早期復旧を目標とした対策である。地表地震断層に対して建造物、施設を構造的に防護することは難しい。

ニュージーランドの南島に建設された高さ102mのコンクリート重力式ダムの基礎岩盤

落橋防止のための桁座の拡幅

復旧部材（上弦材、沓）

写真４　東海道新幹線酒匂川橋架の断層対策

クライドダム全景

スリップジョイント

図5　ニュージーランド・クライドダムの断層対策

の堀削で、ダム直下に断層が存在することが判明した。ダムの建設位置を変更する案も検討されたが近郊に適地が見つからず、予定していた位置でダムの建設を続行することとなった。ダムのコンクリート堤体の中にスリット（コンクリート切れ目）を設け、スリット間の相対変位で断層変位を吸収する案が採用された。

　幸いなことに断層対策の効果が試される地震は発生していない。断層が地表に向って伝播する場合、表層地盤の地層構成により破壊面が複数に分岐したり、破壊面の鉛直軸に対する角度が変化することが知られている。仮に地下深部の断層位置が精度高く推定されても、地表面に出現する断層破壊面の位置を信頼度高く予測することは難しい。

## 5-6　亜炭廃坑の充填

２００２年の夏、岐阜県の阿児郡御嵩町町長の柳川喜郎氏より研究室に電話がかかってきた。柳川氏は１９９５年に町長に当選する以前、ＮＨＫの防災関連の解説委員を長く務めていた。そのころからの知人である。

柳川町長の用件は、「御嵩町では太平洋戦争以前より、亜炭が採掘されていた。亜炭は石炭になる前の鉱物燃料で、石炭に比較すると熱量が低いが、戦前・戦後の燃料不足の時代に盛んに利用されていた。亜炭を採掘した後に残る地中の空洞、廃坑はほとんどの場合、埋め戻すことなく放置されている。空洞は市街地も含めて町全体に広がっており、時々落盤が起きて、住宅などに被害を与えている。御嵩町は東海地震や東南海地震の震源域に近く、これらの地震が発生した場合、町全体が陥没する恐れもある。しかし、空洞がどの位置に、どの深さにあるかよくわからない。早稲田大学で調べてくれないか」ということである。

町民の生命に関わることで、古い知人からの依頼でもあり、引き受ける旨の返事をした。

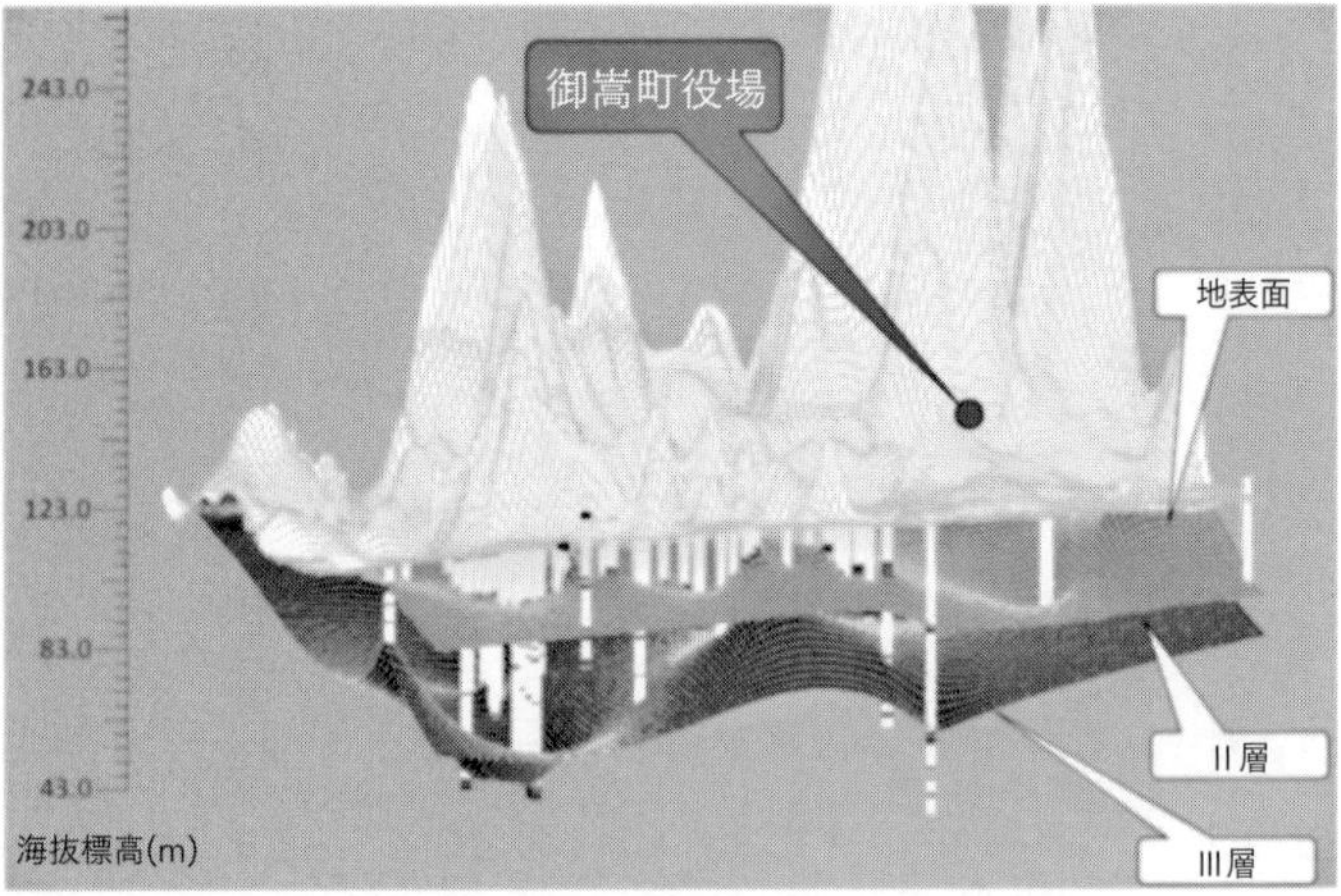


図４　亜炭層の３次元的分布（平面位置と深さ）の推定

まず、空洞の位置と深さの分布を町全体にわたって明らかにしなければならない。このため地質データより推定される亜炭層の分布や、旧通産省鉱山局がまとめた亜炭廃坑図およびボーリング資料を収集して、図４に示すような３次元の亜炭層分布図を作成した。これに、陥没地点を重ね、どの亜炭層が陥没を起しているかを調査した。

また、地下の空洞位置と拡がりを地表面より探査する方法として、①音波探査（ボーリング孔より音波を発信し、ほかのボーリング孔で受信して地層分布を調べる方法、②表面波探査（地表面をハンマーのようなもので叩いて波動を発生させ、その伝播状況より空洞の深さと分布を推定する方法）、③重力異常探査（地下の空洞により微小ではあるが地球の重力が減少することに注目した方法）など、さまざまな方法を、専門技術者に御嵩町に招いて試してみた。米国マイアミ大学の研究グループも、音響トモグラフィーという手法（音波探査の一種で、米国海軍により、世界の海底土質調査に使われるという）で調査に参加した。

しかし、どの方法によっても空洞の位置と深さを、単独の方法で、信頼度高く探査することはできないことがわかった。複数のボーリングにより、各地点での空洞の深さを同定し、ボーリング間の空洞の深さを補間によって推定することが最も確実な方法である、という結論になった。

そこで、町内の建築工事や道路工事、上・下水道管敷設のためのボーリング調査結果を集め、空洞全体の位置と深さを推定した。

この調査を行うにあたって、厄介であったのは、住民の多くが調査を快く思わなかったことである。「町の中心部に空洞があることは百も承知している。町長の主導で、これを改めて調査し、公表しても何の解決にもならない。」また「亜炭鉱の掘削に実際に従事し、掘削後そのまま放置したのは、現在の町民の父親や祖父などの親族であり、空洞の位置が明らかになっても国や自治体の責任を問うことはできない。」「余計な調査は迷惑である。」ということである。柳川町長自身は御嵩町の出身ではなく、奥さんの故郷ということで、いわゆる落下傘候補として町長選に出馬して当選した経緯もある。

写真６　亜炭廃坑の内部（岐阜県御嵩町）（亜炭層の一部を残柱として残し、掘り進んだ）

住民の反対意見に対しては、空洞をこのまま放置した場合、東海地震、東南海地震によって崩壊する空洞の規模と位置、および崩壊による住宅やライフラインの被害を説明する必要がある。また、空洞充填に要する費用と負担を国や岐阜県に働きかけなければならない。住民への説明資料の作成および住民集会での説明も早稲田大学が応援することとなった。

充填が必要な空間が町全体で膨大になることから、工事費を極力抑えなければならない。また、地表面や地中の構築物に影響を与えず、空洞全体を隙間なく充填することが要求される。目標とする充填空間に充填材が行き渡ることも必要である。このため、充填材の流動性を十分に保つことが求められる。また、空洞は途切れることなく連続していることから、充填空間を予め区切って充填することも必要となる。このため、飛島建設（株）杉浦乾郎技師や坂本昭夫技師を中心に〝限定充填工法〟と呼ばれる工法が開発された。坂本技師は、この工法の開発と充填実務への活用により、早稲田大学より工学博士の学位を授与された。

空洞陥没のリスクは、栃木県宇都宮市の大谷石採掘跡の空洞においても社会問題となっている。大谷石の場合、大規模空洞となるため、工事費の増大が懸念されている。現時点では明確な解決策は打ち出されていない。

御嵩町の空洞充填事業はその後、国による国土強靭化事業の一環として進められている。経済産業省資源エネルギー庁より「亜炭廃坑充填のための補助金」が交付され、岐阜県はこれを基金として、充填工事費用の2／3を御嵩町に支出している。筆者は当初、御嵩町の亜炭廃坑が広い領域にわたり、費用も膨大な額になるため、空洞充填は現実問題としては不可能と思っていたが、国の国土強靭化政策の追い風が吹いて実現した。

今後の課題は、御嵩町で実施されたような空洞の調査と充填工事を周辺の市町村にどのように広げて行くかということである。御嵩町に限らず市街地の下に亜炭廃坑が存在する市町村はまだ多く残されている。これらの市町村では、御嵩町であった「余計な事はしてくれるな」という意見も未だ根強く残っている。しかし、御嵩町の充填が進んだことで、将来の東海地震、東南海地震に対する安全性が確実に高まったことは確実である。現在では、御嵩町の住民もこのことをよく理解してくれているようである。御嵩町での充填を契機として空洞充填が全国的に展開されることを願っている。

## 5-7　住宅を液状化から守る

中規模以上の地震が起こるたびに、埋立地や河川沿いの沖積地盤において液状化が発生し、多くの建物の沈下や傾斜が発生してきた。自治体は液状化マップを作成し、液状化の発生しやすさなどを公開して、住民の注意を喚起している。しかし、液状化の可能性の高い地盤でも宅地開発が進み、液状化対策が施されていない場合も多く見られる。

住宅の傾斜や沈下そのものは、住民の生命に直接的に脅威を与えるものではないが、傾斜や沈下した住宅に住み続けることによる精神的な苦痛は、地震後の住民の生活に深刻な影響を与えることになる。

住宅の液状化対策として、セメントミルクなどを用いた基礎地盤の固化や、基礎杭の打設が推奨されているが、費用が高額になり、広く普及するには至っていない。住宅の液状化対策で最大の課題は、既に建設されている住宅の対策である。自治体による液状化マップにより液状化の可能性が高いことがわかっても、現在居住している住宅の液状化対策を施工することは、工事費や工事用地の問題もあって一般に難しい。住宅の周囲から、住宅の下部の液状化層にパイプを差し込み、セメントミルクなどの固化材を注入する対策が提案されているが、この場合も工事費の増大が大きな負担となっている。

東日本大震災で、千葉県浦安市など海岸埋立地で大規模な液状化が発生し、多くの住宅が傾斜、沈下などの被害を受けた。地震後、液状化から住宅地を守る方法として、液状化の可能性のある街区全体を不透水壁（水を透さない壁）により囲み、壁で囲まれた地盤の地下水を汲み出す方法が提案されたことがある。液状化が発生する条件の一つである、地下水で砂粒子間の間隙が満たされている条件（飽和状態という）を取り除き、液状化発生を防止する方法である。ある一定の街区をまとめて対策することになるため、一戸当りの住宅に対する工事費を低減することができる利点があるが、複数の住宅に対して行うため、住民全体の合意形成が必要なこと、継続して地下水位を汲み上げる必要があり、このための費用負担など解決すべき課題が残っている。

筆者も、川崎市のコンビナートの石油精製工場において地下水汲み上げによる液状化対策に関係したことがある。30年後に、この液状化対策の効果を再調査した。地下水汲み上げ用井戸のパイプが目詰まりしていて、地下水位が低下していないことが判明した。

筆者らの研究グループは、既存一戸建住宅の液状化対策として、住宅の基礎地盤の周囲を軽量鋼矢板で囲む工法を提案した。この工法では、地下水の汲み上げは行わない。軽量鋼矢板壁により液状化土の水平方向の移動を防ぐことにより、建物の沈下や傾斜を防止する工法である。

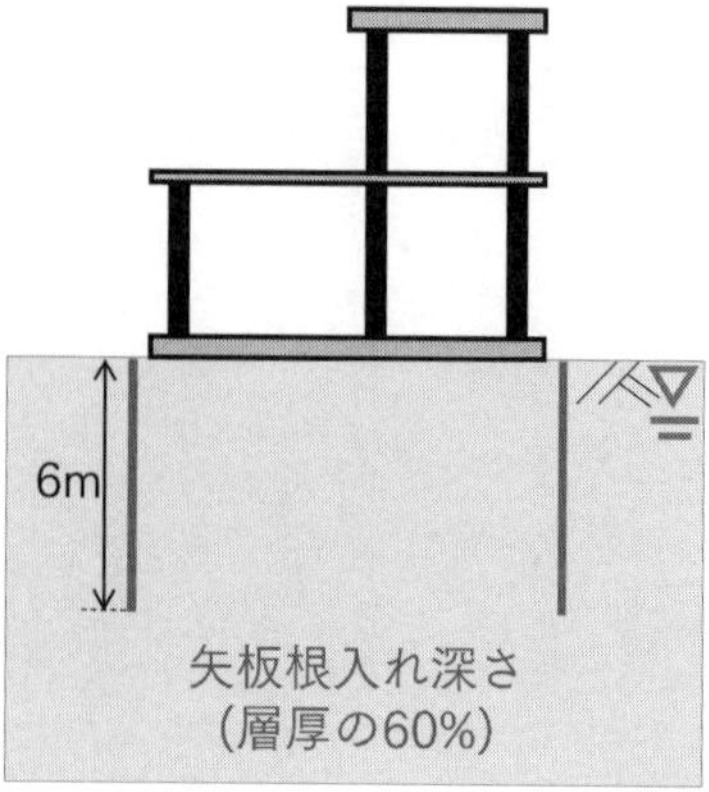


図５　鋼矢板による一戸建て住宅の液状化対策（遠心載荷場の実験の模型）

仮に建物の基礎地盤が液状化しても、液状化土が水平方向に押し出されなければ沈下と傾斜が防げるという考え方である。

工法の有効性を模型実験によって確認した。浦安市の住宅に適用しようと試みたが、費用の自己負担額が個人の限界を超えたため、実現されなかった。標準的な大きさの住宅での工事費の試算によれば、矢板の材料費、設置費など直接工事費はおよそ５００万円以下にすることができたが、矢板打設空間確保のための屋根、土間コンクリートの撤去と復旧および植木類の撤去・移動・養生・再生など間接工事費が嵩み、総額が５００万円を超えることになった。それだけの費用を負担してまで液状化対策を行うという住民はいなかった。

住民の経済状態によって、現在居住している家屋の液状化対策に支出できる費用は異なるが、一般的には２００～３００万円というのが限度かと思われる。より廉価な液状化対策工法の開発が必要であるが実現していない。

## 5-8　側方流動対策工法―飛び杭工法の開発と実践―

２０１４年からの国土強靭化政策の一環として、臨海部産業施設の耐震化が進められ、液状化土の側方流動による地盤変位を抑止するための工法が開発されてきた。

護岸背後に鋼管あるいは鋼矢板を連続打設し、地中壁を構築する工法や、護岸背後地盤の改良工法などが開発され、実地盤の側方流動抑止に用いられてきた。しかしながら、鋼管杭・矢板工法、地盤改良工法とも、工事費が高額となるため、臨海部の産業施設を有する企業が単独で工事費を負担することは一般的に難しい。護岸補強のための国の補助金制度もあるが、補強を必要とする護岸延長が長大となるため、側方流動抑止対策は進んでいない。

このため、筆者らの研究グループは、鋼管杭を一定間隔空けて一列に打設することにより側方流動を防止する工法、〝飛び杭工法〟を開発した。間隔を空けて打設することにより、鋼管杭の材料費と打設費用を低減することが目標である。飛び杭工法は、斜面の地すべりを抑止杭と同じ発想である。杭が間隔を空けて打設されていても、地すべりを防止する効果を発揮して

写真７　飛び杭によるタンクヤード地盤の側方流動防止対策

きたことにヒントを得ている。

飛び杭工法の有効性を遠心載荷場での模型実験および2次元、3次元の数値解析法などにより検証し、実際の油槽所（石油タンクヤード）の側方流動防止工として実現した。遠心載荷場での模型実験は、実地盤と模型盤の間の相似率を精度高く満足する実験方法であり、液状化や側方流動に関する実験的研究に用いられている。杭の打設間隔を杭の外径の6倍に空けても、十分に側方流動抑止効果があることが模型実験により示されている。

杭の間隔を空けて一列に打設することで、なぜ液状化土の流動が止まるのか？　液状化土はその名前のとおり流体的に挙動するため、杭の間をすり抜け流動の抑止効果はないと考えるのがもっともである。しかし、模型実験によれば、側方流動を確実に抑止できる結果が得られた。液状化土は流体的な性質と個体の性質を併せ持っている。砂浜に行って、海水に浸っている砂の中に手をやや深く押し込んだときのことを想像するとわかりやすい。手をゆっくりと押し込んでいくと、それほどの抵抗もなしに砂の中に入れることができる。ところが手を急に引き上げようとすると大きな力が必要で、なかなか引き上げられない。これは海水に浸っていた砂の性質が液体から個体の性質に変化したことによる。少し難しい説明になるが、土質力学的に説明すると、手を急激に引き上げることにより、土の体積が膨張して、砂粒子間の間隙水の圧力（間隙水圧と言われている）が急激に低下し、液状化状態が終了して砂が個体としての性質を取り戻すのである。

飛び杭工法は、このような砂の性質を利用した工法である。液状化した土の移動を連続した壁によって遮断するのではなく、間隔を空けて杭を打設することにより、適切に砂の移動を許すことで液状化が収まり、その結果として、数mもの側方流動地盤変位が抑止される工法である。打設間隔を空けることにより鋼管杭の材料費を大きく低減でき、また杭打設の工事費も減少させることができる。

鋼管杭を設置する工法として、杭頭に打撃を与えて地中に打ち込む工法が一般的に用いられているが、既設の石油コンビナートでは危険防止の観点から、この方法は用いることができない。このため、低振動、低騒音のジャイロプレス工法が適用されている。

ジャイロプレス工法は、鋼管杭を回転しながら押し込む工法である。鋼管杭に回転力と圧入力を同時に作用させることで、鋼管杭を地中に圧入する。鋼管杭の先端部に地盤の切削機能を持つリングビットを取付けることにより、玉石層、転石や岩盤などの硬質地盤や、コンクリートなど障害物がある場合でも、杭を地盤に貫入することが可能である。

# 6　臨海部産業施設の耐震対策

# 6-1　臨海部埋立地の地震リスク

２０２１年に開催されたオリンピックを機に、東京湾岸部の開発が急速に進められた。東京都は２０１９年に「東京ベイエリアビジョン（仮称）」なる構想を発表し、２０４０年に向けてさらなる開発を進めようとしている。しかし、このビジョンには「防災」「安全」といった用語がほとんど出てこない。果たして埋立地の安全性はどれほど確保されているのだろうか。

２０１１年の東日本大震災では、東京湾の埋立地に建設されていた17基の液化天然ガス（LPG）のタンクが爆発・炎上した。爆発したタンクの幅80㎝、長さ1．5ｍの破片が飛散して6㎞も離れた住宅地に落下した。湾岸埋立地のコンビナートと背後の市街地の間には広規格の道路が建設され、コンビナートの火災の影響を遮断するように設計されているが、タンクが爆発飛散して市街地に落下するという事態は考慮されていない。

さらに、東日本大震災では千葉県の埋立地で大規模な液状化が発生し、多くの住宅、建物が傾斜・沈下した。また、上・下水道、ガス、電力などのライフライン埋設管路にも多数の被害が発生し、長期にわたって機能が停止した。

東京湾や大阪湾などの臨海部では、江戸年間により埋め立てが行われてきた。太平洋戦争の

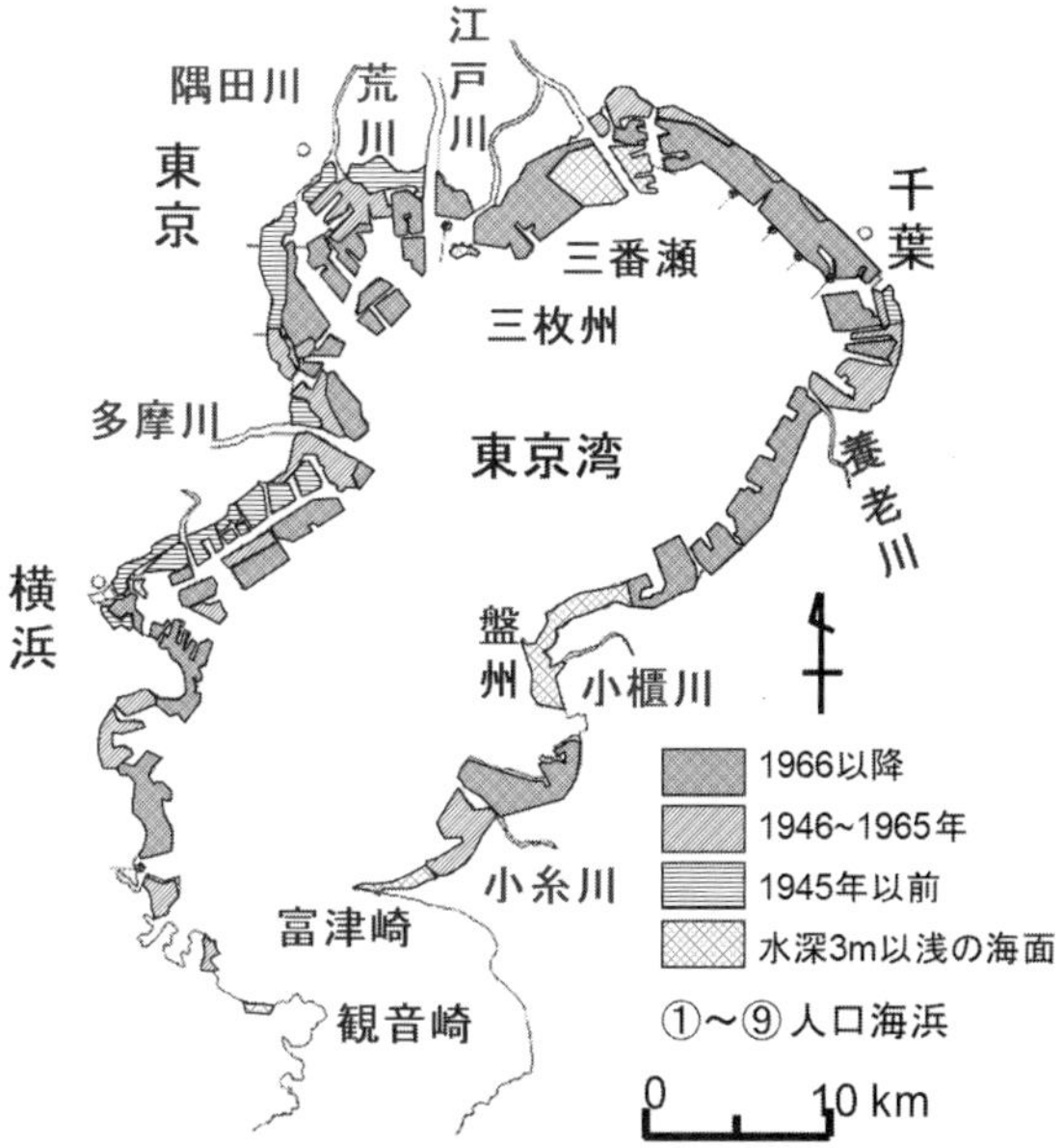


図１　東京湾の埋立地とその歴史（貝塚爽平編をもとに加筆）

後、大規模な埋め立て工事が行われ、国の復興のため、多くの産業施設が建設された。東京湾を例にとれば、湾岸埋立地に、火力発電所13か所、都市ガス製造工場4か所、製鉄所8か所、石油精製工場7か所が建設され、わが国の経済発展の基盤となっている。石油・ガス・鉄鉱石などの原材料の輸入、製品などの輸出の利便性のため、ほとんどの産業施設が臨海部に立地している。

　これらの臨海コンビナートには以下のような地震リスク増大の要因がある。

　一つの要因は、埋立地の軟弱地盤による地震動の増幅である。鉛直下

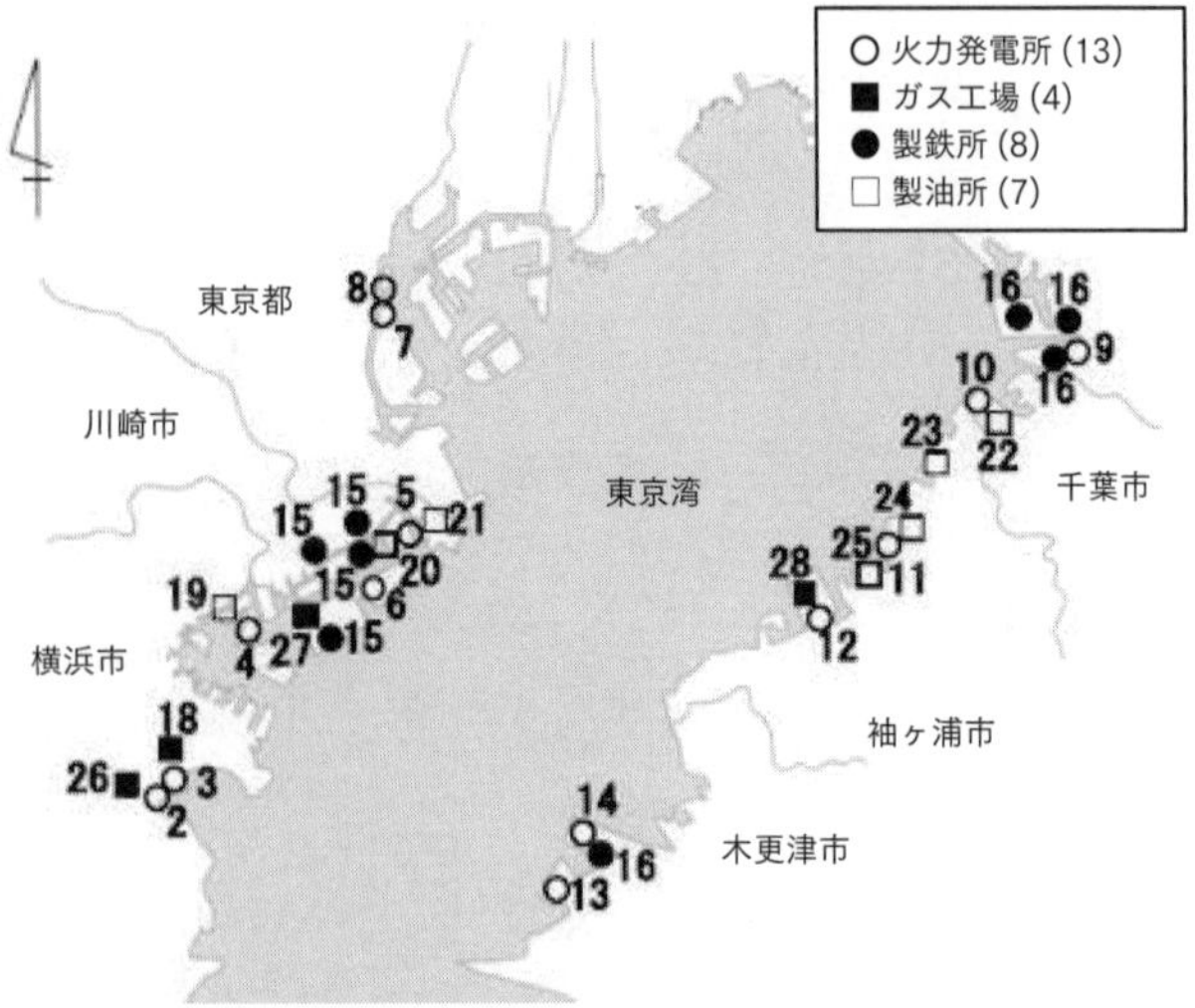


図２　東京湾の臨海部主要産業施設

方より伝播してきた地震波動が軟弱埋立地盤により大きく増幅される。構造物の揺れ（応答加速度）が設計で想定した加速度を上回り、構造物が破壊され、機能が失われる。

埋立地の地震リスクを増大させている2番目の要因は、埋立地盤の液状化である。埋立地盤は、海底を浚渫した土砂や近隣の丘陵地からの土砂により造成されている。いずれの場合も砂を多量に含む砂質土に分類される土で、液状化を起しやすい。

液状化に関連して、側方流動も埋立地の地震リスクを増大させている要因の一つである。地震動や液状化によって護岸が海方向に大きく移動し、それによって背後の埋立地が海方向に水平変位する。１９９５年阪神・淡路大震災では、阪神地区の埋立地の護岸が最大で7ｍも水平変位し、護岸背後の地盤が側方流動を起してライフライン埋設管路や下水処理場施設に被害を発生させた。

２０１１年東日本大震災では、津波が臨海部コンビナートに甚大な被害を発生させた。塩釜市の製油所では大規模な火災が発生した。火災の原因は津波により漂流したタンクローリー車が、製油所のパイプラインに衝突したためと推定されている。津波襲来時に、全従業員が製油所より避難していたため、発火の直接原因は特定されていない。

液状化や側方流動に対して、構造物を防護する方法については、5-7、5-8の液状化・側方流動の対策工法で述べたが、費用が高額となる場合が多く、対策は進んでいない。

## 6-2　石油供給構造高度化事業

２０１3年11月ごろであったと思うが、経済産業省資源エネルギー庁の課長補佐と2名の課員が早稲田大学の研究室に訪ねてきた。用件は、２０１１年の東日本大震災で石油製品、特にガソリンの供給が滞り、ガソリンスタンドに長蛇の列ができた。１９９5年の阪神・淡路大震災でも同様なことが起った。国会で、間もなく国土強靭化基本法が成立するので、経済産業省

写真１　東京湾の石油精製工場

としても、災害時における石油の安定供給のための施策を進めたいので、「地震工学分野の専門家として協力してほしい」とのことである。

筆者がテレビなどで、東京湾など大都市圏臨海部の石油コンビナートが、将来の地震により被害を受ける可能性が高い、と発言したのを聞いたのだと思う。後で経済産業省の官僚に聞かされた話では、「濱田という早稲田の教員が埋立地に建設されてきた石油コンビナートが危ないと余計なことを言っているようなので、研究室に行ってどんな人物か調べてきなさい」というのが担当の部長の指示だったようである。筆者自身も確かに臨海コンビナート、特に石油関連施設の危険性を指摘してきた。「東京湾で、埋立地盤の側方流動が発生して、石油施設が被害を受ける可能性が高い」とたびたび発言してきたが、東京湾などの海上で、大火災が起きると言うことまでは、筆者の専門分野から外れるので言っていない。筆者の話に尾ひれを付けて、マスコミが放送したのである。石油コンビナートの耐震・耐津対策に国として取り組むことは、国土強靭化対策として大いに意義のあることである。資源エネルギー庁の新たな事業に協力することにした。

翌年の2013年に経済産業省によって「産業エネルギー基盤強靭性確保調査事業評価委員会」が組織された。全国の石油精製事業、石油化学事業、および鉄鋼事業から、24の事業所を公募により選定し、将来の地震・津波による被害を予測して、施設強靭化のための基本方針が策定された。

調査事業に続いて2014年度から現在（2022年度）までの9年間、約1680億円の国費が投入され石油供給施設の強靭化が実施された。強靭化のための事業費の2／3に国からの補助金が使われ、1／3を事業者が負担している。この強靭化事業は現在（2023年度）も継続されている。

地盤・桟橋・護岸・タンク基礎および入出荷設備などが強靭化の主な対象となった。これまで石油供給施設の強靭化に投入された費用は、国費と事業者負担を併せて、約2500億円に達している。資源エネルギー庁は、地震・津波に加えて、大雨・高潮・高波など気象災害も対象として強靭化事業を実施中である。

一方、2007年度に国土交通省は、東京湾の主要航路の機能を守るため、民間会社が所有する護岸の補強に関し、「民有護岸の強靭化に関する無利子・貸付および法人税の特例措置」を開始した。しかし、返済義務のある融資で、産業通産省の補助金制度に比較して不利であるため、制度発効以来、融資の申請者は0である。国土交通省はさらに、「護岸などの補強によって増加した資産に対する固定資産税の減免措置」を決定したが、これでも応募者は0のままである。国土交通省の施策は、「国土交通省も国の強靭化政策に則って臨海部の強靭化に積極的に取り組んでいる」というアリバイ作りの感を否定できない。目標は同じであるにも関わらず、経済産業省と国土交通省は連携しようとしていない。まさに、省庁の縦割り典型である。

地震・津波に対する大都市臨海部の産業施設の強靭化には以下の課題がある。一つは、臨海部の産業施設の強靭化は埋立地全体、湾全体の広域で実施しなければ効果がないということである。地震や津波により、1か所の産業施設で、火災・爆発などの被害が発生すれば、被害は隣接する施設に波及する。埋立地全域、ひいては海域を含めた、湾全体としての強靭化が必要である。東京湾を例にとれば、東京都、神奈川県、千葉県の湾岸地域全体で産業施設の強靭化を進めることが求められる。このためには、国および自治体による強力な指導が必要となるが、自治体間の連携は現時点では進められていない。

臨海部産業施設の強靭化に関する情報の公開と共有化も重要である。前述した経済産業省の「産業エネルギー基盤強靭性確保調査事業評価委員会」でのことである。調査事業の申請を行っている事業者から、委員に逆に質問があった。「自分たちの工場に隣接している石油化学事業所ではどの施設に対し、どのような強靭化を計画しているのか教えて欲しい」とのことである。隣接する事業者、同一の埋立地に立地している事業者間であっても情報の公開と共有ができていないという閉鎖的な実情を改めて認識することになった。

臨海部の産業施設の強靭化の課題として、もう一つ付け加えることは、中小事業者の施設の強靭化である。前述したように強靭化の総費用の２／３は国庫補助で、１／３は自己負担である。中小事業所の中には資金に余裕のない事業者も多数ある。中小事業所の強靭化が進まなければ、隣接する大事業所に被害が波及する可能性もある。中小事業者だからという理由で国の補助金の割合を２／３より引き揚げるのは公平性の観点より難しいが、臨海部全体の強靭化を進めるためには中小事業所の強靭化は避けて通れない問題と考える。

## 6-3　産業施設防災技術調査会

２０１４年11月、一般財団法人産業施設防災技術調査会（Institute for Disaster Mitigation of Industrial Complexes, IDMC）が設立された。筆者が代表理事を務めることになった。調査会の活動の目標は、大都市圏臨海部の産業施設強靭化のため、耐震診断手法と耐震化工法の開発、およびこれらの技術の普及を図ることにある。

臨海部埋立地に建設されてきた産業施設は既往地震により、繰り返し被害を受けてきた。特に、２０１１年東北地方太平洋沖地震では、東京湾臨海部埋立地で17基のＬＰＧ球型タンクが爆発・炎上した。仙台市の製油所では津波により大火災が発生した。

臨海部に建設されてきた産業施設は、戦後のわが国の復興と経済発展に大きな役割を果たしてきた。将来の地震・津波に対しても国の経済活動を維持し、国民の安全・安心な生活を守るため、機能を維持することが求められている。

産業施設防災技術調査会は、民間のガス事業者、石油精製事業者より委託を受けてプラント施設の耐震性評価および補強工法立案の支援を行っている。これらの受託事業で開発した工法をまとめ、「臨海部産業施設の強靭化ガイドライン」および「臨海部コンビナート施設の地震リスクマネージメントガイドライン」を刊行し、関係機関に公開している。「強靭化ガイドライン」は「Enhancement of Earthquake and Tsunami Resistance of Critical Infrastructures」として翻訳され、これも調査会より発行されている。

また、２０１４年より開始された資源エネルギー庁による「石油供給構造高度化事業」において、民間石油会社からの補助金申請に関する審査業務を行っている。本調査会のほか2機関と共同企業体（石油供給構造高度化事業コンソーシアムConsortium for Resilient Oil Supply）を組織し、5人の学識経験者による審査委員会を設置して、補助金申請の評価を行っている。2014年度から2022年度までに石油精製プラント12か所、総額1680億円の国の補助金が交付され、強靭化が推進されてきた。

## 6-4　臨海部高層建物の側方流動リスク

液状化地盤の側方流動への対策で危惧していることがある。それは近年、東京湾臨海部に建設されているタワーマンションである。臨海部の再開発が進み、高層マンションが建設されている。その多くは埋立地の護岸近傍に建設されている。「将来の地震によって護岸が大きく移動、基礎が破壊されてビルが被害を受けることはないか」という心配である。マンション自体は、最先端の耐震設計法により、東京湾直下地震や南海トラフ沿いの巨大地震などを対象として設計されていると考えられる。しかし、埋立地の護岸そのものは埋め立て造成時の設計基準で建設されており、側方流動の影響が考慮されていないのではないか。

建物の基礎に想定される地震動を入力し、動的応答解析によってビルの揺れを計算しているが、側方流動による地盤変位は考慮されていないのではないか。基礎周囲の地盤が側方流動によって数m移動したらどうなるのか。ビルの設計は建築、護岸の安全性検討は土木と専門分野が分かれていて、相互に十分な情報交換がないのではないか。ビルの設計者は、地盤は安定であり、数mも動くことはないという前提で設計しているのではないか。また護岸の管理者は護岸の近くに高層ビルが建設されることになっても、護岸そのものの安全性には影響がないと考えているのではないか。さまざまな懸念が湧いてくる。

１９６４年の新潟地震では、信濃川の川岸の近くに建設されていた建物の杭がことごとく破壊していた。このことが、地震より約20年後に明らかにされた。「杭がすべて破壊され、鉛直荷重を支持できないような状態になっても、建物の被害は軽微で、床の傾斜を修正して20年間も使用されていた」。しかし、高層ビルの場合は基礎杭の破損は高層ビルに深刻な影響を与える可能性がある。少数の杭の破損でも、建物が若干でも傾斜した場合は、自重の偏心による回転力で傾きが増大することもありうるのではないか。

１９９５年阪神・淡路大震災、２０１１年東日本大震災では、専門家の予測を超える被害が発生した。既往地震による災害はいわば〝見落としの繰り返し〟であった。将来の地震・津波により重大災害発生の可能性があると予測される場合は、躊躇なく対策を講じておく必要がある。

高層ビル近傍の護岸の安全性を点検し、必要があれば護岸の耐震化を実施する。またビルの基礎杭が側方流動の影響を直接受けないようにするため、杭基礎の周囲に新たに地中壁を構築する。または、基礎周辺の地盤をセメントミルクなどの薬液注入により固化するなどの方法も考えられる。5-8で述べた〝飛び杭〟による側方流動抑止対策も有効と考えられる。

## 6-5　海底トンネルの耐震設計

品川区大井と江東区台場の間の東京湾第一航路の海底に延長約1㎞の海底トンネルが建設されている。東京湾岸道路の一部として、首都圏の主要な交通網の役割を担っている。

このトンネルは、〝沈埋方式〟と呼ばれる工法によって建設された。沈埋工法とは、陸上のドライ・ドッグでトンネル本体のコンクリート函体を製作し、これを浮上、曳航し、トンネル建設現場の海底に沈め、函体を次々に連結して海底トンネルを建設する工法である。東京湾第一航路トンネルの場合、一つの函体は長さ110m、幅37m、高さ8mの巨大なもので、内部に往復6車線の道路用空間が設けられている。10個の函体を海底に次々と沈め、トンネルを建設した。このような工法により建設された海底トンネルは大都市圏の臨海部に多数建設されて

写真２　東京港第一航路（航路間の海底に長さ約 1㎞のトンネルが沈埋工法により敷設されている）

いる。

沈埋工法では海底の表面近くに函体が設置される。函体に作用する海水の浮力により、海底面に作用するトンネルの重さが低減され、軟弱な地盤でも建設が可能である。

沈埋工法はもともと地震がほとんどないドイツで開発された技術である。この工法を地震国であるわが国に導入するにあたり、「軟弱な海底地盤に浮力を利用して軟着底させることが耐震性能の弱点とならないか」という重大な懸念が出された。

筆者は、地盤とトンネルを一体とした模型による振動実験をもとに沈埋トンネルの耐震設計法を提案した。この設計法は、陸上部地盤と海底部地盤の揺れの差がトンネルに変形と応力度を発生させることに着目した手法である。海底部の地盤と陸上部の地盤では、表層地盤の厚さに差があり、それによって地盤の震動変位に差が発生する。この相対変位がトンネルに変形と応力度を発生させるとの考え方に基づいた耐震設計法で、〝応答変位法〟と呼ばれる設計法の一つである。

応答変位法は、埋設管など地中の線状構造物の耐震設計に用いられてきた。地中構造物の地震時の変形と応力度を支配するのは、建物や橋梁など地上構造物と異なって、地震動の加速度でなく、地盤の相対変位であるという考え方に基づいている。地上の構造物は慣性力、すなわち質量に加速度を乗じた外力によって設計されており、加速度に基づく設計法である。沈埋トンネルの耐震設計法は本来であれば〝変位法〟と呼ぶほうが適切な表現であるが、当時〝変位法〟の名称は構造力学の数値解析分野の専門用語として定着していたため、動的に地盤の応答変位を算定するという意味で〝応答変位法〟と呼ぶことにした。現在では沈埋トンネルや埋設管のほかに、都市部の共同溝、地下タンクなどの耐震設計に広く活用されている。

東京湾第一航路トンネルの耐震設計に続いて多くの海底トンネルでの耐震設計に応答変位法が用いられた。トルコ・イスタンブールのボスフォラス海峡トンネルも沈埋トンネル工法で建設され、応答変位法により耐震設計された。水深約60 mとわが国の沈埋トンネル建設では経験したことのない大水深で建設が行われた。潮流が速いこと、ロシアの潜水艦が潜水したままでボスフォラス海峡を航行することがあることなど、さまざまな困難を乗り越えて、見事に完成し、わが国の先進的な建設技術と耐震設計手法を世界に示すことになった。

## 6-6　地下タンクの耐震設計

1973年のオイルショックを機に、石油や天然ガス（LNG、LPG）などのエネルギー資源の備蓄の重要性が認識され、地上・地下タンクおよび、岩盤空洞タンクが建設された。石油に関しては、国全体として60日分の備蓄を確保するための施策が推進され現在も維持されている。

一般に、地下タンクのような大型地中構造物では、掘削時の安全性の確保が重要と考えられてきた。掘削工事中の地盤の安定性検討が最も重要な課題で、掘削が安全に施工されれば、地震に対しても十分な安全性を保つと考えられてきた。そのため、地下タンクの建設では、耐震性の照査は行われてこなかった。しかし、地下空洞の深さが数十m、円筒型タンクでは直径が50m以上になることもあり、わが国のような地震国において、大型地下タンクを建設するためには、耐震性の検証が設計上の重要課題となった。

建設会社に勤務していたころ、当時の通商産業省の研究開発補助金を獲得して、石油・

写真３　東京湾岸埋立地のLNG地下タンク

ＬＮＧなど貯蔵用の大型地下タンクの地震時挙動の解明と耐震設計法の開発に取り組むこととなった。

実物の地中構造物を対象に地震観測を行った。埋立地盤に建設された工場廃水用の円筒型地下タンクと、石油備蓄のための岩盤空洞である。このような大型地中構造物が地震時にどのように変形するかを観測し、その結果をもとに耐震設計法を開発することが目標であった。

円筒型地下タンクは、静岡県清水市の埋立地盤に建設されていた深さ10ｍ、直径23ｍのコンクリート製のタンクを観測対象とした。岩盤空洞は釜石市のＪＲ盛線の鉄道トンネルで、全線開通までの2年間、地震観測用に借用した。

高感度のひずみ計を取付け、タンクの側壁やトンネルの内側表面のひずみを測定してタンクとトンネルが地震時にどのように変形するかを明らかにする研究である。地下タンクやトンネル周辺の地盤にも加速度計を設置した。加速度計が地震の揺れを感知し、記録装置が作動する仕組みになっている。

釜石市のトンネルに計測器を取付けてから、わずか約1か月後の1978年6月12日にマグニチュード7.4の宮城県沖地震が発生し、東北地方一帯が強い揺れに見舞われた。貴重な記録が採れたはずである。

地震直後は東北本線は不通になっていたため、車で釜石市に向うことになった。道路が被害を受け、不通になっている箇所の迂回を繰り返しながら、約10時間以上をかけて釜石に到着した。記録が採れたものと期待して、トンネル内に設置されていた計測室に入った。しかし、記録計が動いた気配がない。電源が切れたままである。どうやら、地震によって東北地方の広い地域が停電になったようである。記録計が作動せず、残念ながら宮城県沖地震の記録は採取できなかった。停電になることを予想して、非常用電源を用意しておくべきだった。後の祭りである。余震が続いていたので、余震の記録だけでも採取しようと、急遽、バッテリーを調達して、計測室に運び込んだ。その後、余震による記録を採ることには成功した。

釜石のトンネルでの観測は国の補助金を得て、会社として取り組んでいた調査・研究である。会社としても成果に期待をしていた。

帰京後、研究所の所長に呼び出され、説明を求められた。「補助金を国に返納することまで会社としては考えている。責任を取ってもらう。」とまで言われたが、責任の取りようがない。

その後、幸いなことに始末書だけを会社に提出し、通産省の担当者に説明に行かされることになったが、減給などの具体的な処分にならなかったのは不幸中の幸いである。

地震観測によって何がわかったのか。円筒型の地下タンクは水平面内において楕円状に変形していることがわかった。鉄道トンネルの上部のアーチ部も楕円に変形していることがわかった。その原因は地震波動の伝播による周辺地盤の相対変位（ひずみ）によるものであった。円形の地下タンクが楕円状に変形し、またトンネルのアーチ状の頂部も楕円状に変形するということは、考えてみれば至極当たり前のことである。円形の構築物が変形するとすれば、最も起りやすい変形は楕円型である。それを理解するまでに長い時間と高額な研究費がつぎ込まれた。

# 7 自然災害軽減のための国際協力

## 7-1　防災分野の国際協力のあり方—日本学術会議の報告—

２０００年11月、日本学術会議に特別委員会「**自然災害軽減のための国際協力のあり方**」が組織され、１年余りの審議の結果、以下の提言が社会に公表された。提言の概要を紹介する。

**防災分野の国際協力の現状**：防災分野の国際支援は、社会、経済、農業、環境、教育などの活動とシームレスに関連しており、分野間の密接な連携が不可欠である。しかしながら、これまで防災分野の国際支援は、関連省庁、ＪＩＣＡ、大学と研究機関、およびＮＰＯ・ＮＧＯなどとの連携が不十分なまま行われてきた。国全体としての国際支援戦略が明確に示されていないため、効果的な成果を挙げてきたとは言い難い状況である。また、防災分野の国際協力では、予防対策、緊急対応および復旧・復興対策に至るまでの一貫した切れ目のない支援が重要であるが、それぞれの段階における担当機関の連携が不十分で、統合のとれた国際協力になっていない。

**「自然災害軽減国際戦略会議」設立**：防災分野の国際協力の現状と基本方針を踏まえて、日本学術会議は「自然災害軽減国際戦略会議」の設立を提案する。協議会は、国としての「自然災害軽減のための国際戦略策定」、「国際行動枠組の策定と主導」、「分野の有機的

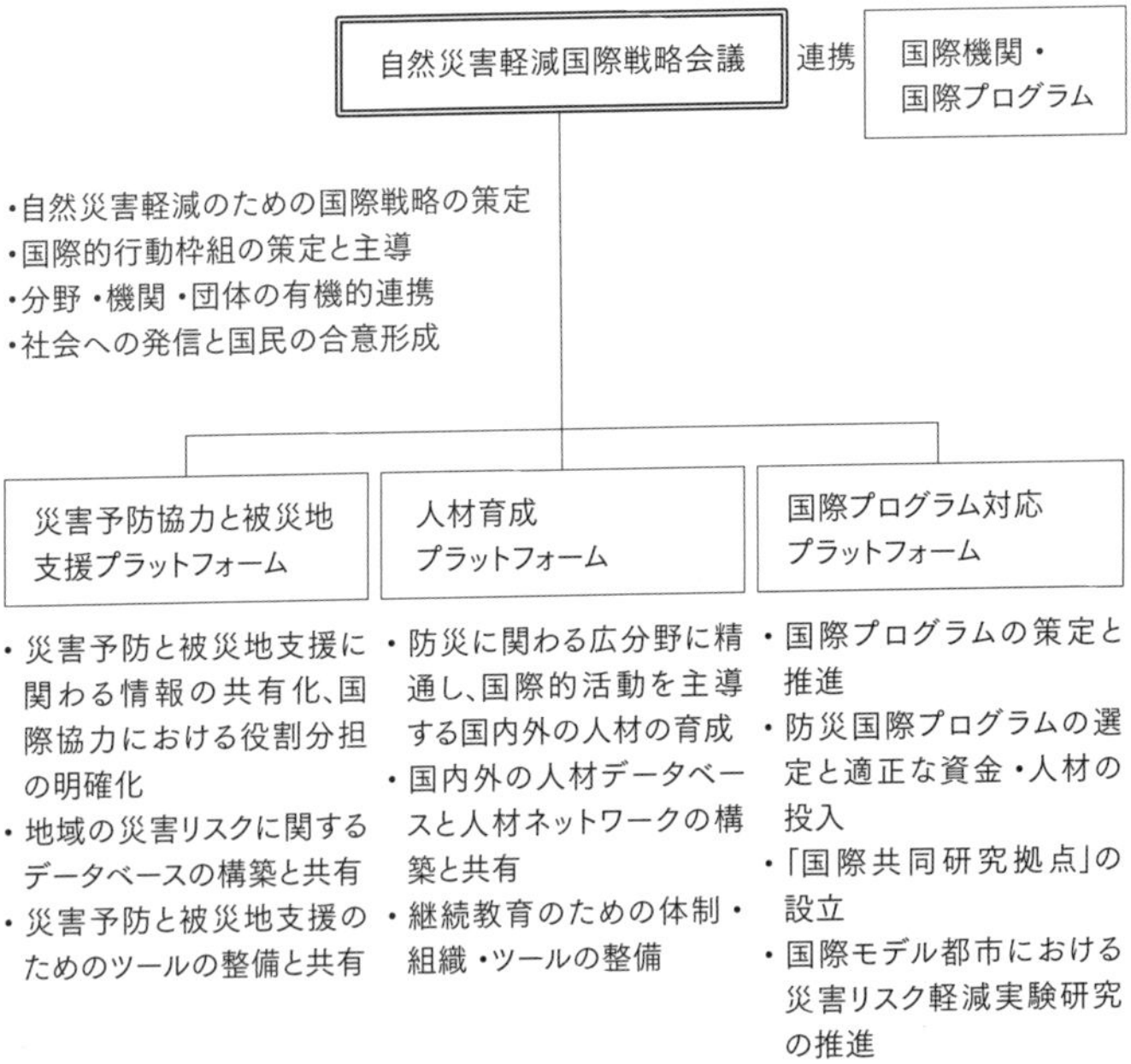


図1　自然災害軽減国際戦略会議の組織と役割

連携」、「社会への発信と国民の合意形成」を担う。協議会のもとに、災害予防協力と被災地支援、人材育成、および国際プログラム対応のプラットフォームを設置、防災分野での国際協力に関わる機関・組織の連携を図る。

# 7-2 国境なき技師団と防災教育支援会

２００４年12月26日、インドネシア・スマトラ島北西の海底を震源とするマグニチュード9.1の巨大地震が発生した。この地震によってインド洋沿岸13か国に、最大で20ｍを超える大津波が襲来し、死者・行方不明者は22万９０００人以上に達した。中でもスマトラ島の被害は甚大で、最北端の町バンダ・アチェでは人口の約１／３にあたる約7万人が命を落とした。

地震発生より約2か月後、土木学会・建築学会の合同調査団の一員としてバンダ・アチェを訪れた。海岸線近くに建設されていたイスラム教のコンクリート建のモスクが残されているのみで、津波によりほとんどの家屋・建物が破壊されて流出し、残骸のみが残る惨状が広がっていた。

そのとき、「わが国ではマグニチュード9を超える地震は起らないだろう」と何の根拠もなしに思った。それから7年後、日本の東北地方で同じような光景を目にするとは夢にも思わなかった。

バンダ・アチェ市に開設された国連の事務所を訪問し、「日本の調査団の主要な目的は、スマトラ島の復興計画策定の支援にある」と説明した。スマトラ島の中でも被害が甚大なインド

写真１　スマトラ島西海岸の被害調査
（国連より提供されたヘリコプター）

洋に面した西海岸道路の復旧計画をインドネシア政府に提案することが主要な目標であった。国連の担当官は直ちに賛同してくれ、調査のためのヘリコプターを無償で提供してくれることになった。

このとき、国連の職員から「バンダ・アチェには、米国からEngineers without Borders, USA（国境なき技師団、米国）という組織からの調査団が既に到着していて、被害調査と復旧支援を始めている」との報告を受けた。「国境なき技師団・米国」は土木・建築技術者を中心に組織された団体で、世界の災害復旧・復興支援だけでなく、平常時は土木・建築分野での技術移転を世界的に行っているとのことである。米国のみならず、ヨーロッパ諸国においても、「国境なき技師団」が組織され、活発な活動が展開されていることも説明された。

世界で自然災害が発生するたびに、わが国からは多くの調査団が派遣されてきた。被害状況を写真に収め、帰国後の報告会でそれらの写真を映す。多くの場合、日本語で報告書が作成され、限られた機関や団体の関係者に配布し、それだけで調査終了になっていた。日ごろから、防災先進国を自負するわが国の技術者として、それだけでよいのかという強い懸念を持っていた。社会基盤施設の被害状況を調査して、その要因を分析することは、将来の地震災害を軽減するための情報や知見を提供することになるが、技術者としてそれだけでよいのか。被災地域と被災民のため、復旧・復興のため、日本の技術を活用した支援ができるのではないか。国連の担当官から「国境なき技師団」の話を聞いたとき、日本でも同様な団体を組織しようと考えた。

帰国後、「国境なき技師団・日本」設立の構想を、建設会社や建設コンサルタンツの幹部に話をした。多くの方々より強い支援をいただくことができた。また土木学会と建築学会の理事会は、学会として支援することを決議してくれた。こうして2014年11月1日に「国境なき技師団・日本」(Engineers without Borders, Japan)が発足した。

国境なき技師団は、東日本大震災後、大船渡市や陸前高田市へ、復興支援のための技術者を派遣している。また、防災に関する講演会の開催、地震・津波による災害軽減のための出版な

写真２　バンダ・アチェの中学校で歓迎の踊りを披露してくれる生徒

どの活動を行っている。

土木学会と建築学会によるスマトラ島調査団の団員の多くは、陸上に遡上した津波高さの痕跡の調査や構造物の破壊状態からの津波外力の推定などの調査を行った。調査結果は土木学会や建築学会より報告されている。しかしながら、現地の被害の惨状を目にして、技術者、研究者として果たすべき役割がほかにあるのではないか、という想いを多くの団員が持っていた。

できるだけ多くの被災者に直接会って、我々が支援できることを考えようということになった。バンダ・アチェ市の紹介により、いくつかの小・中学校と、津波で家族を失った子供たちが収容されている孤児院を訪問することにした。孤児院で、調査団より日本で

図２　早稲田大学の学生が製作した防災教育のための絵本

の津波の歴史や津波から身を守る方法などを話した。説明が終わった後、一人の少女が立ち上がって言った、「日本には津波に対する知識や経験、津波から避難する方法があったのに、なぜ、津波の前にそれを私たちに伝えてくれなかったのですか」と。その場にいた調査団のメンバーは言葉を失った。後で、孤児院の職員から、その少女は両親と兄弟を津波で失ったことを聞いた。

帰国後、大学の講義の最後に、バンダ・アチェの少女のことを学生たちに話した。反響は大きかった。早稲田大学の学生たちが国内外での防災教育を支援する会を立ち上げたのである。毎年、夏休みを利用してインドネシアとフィリピンを訪問し、小・中学校の児童、生徒を対象として防災教育活動を行っている。渡航費は学生たちが国内でアルバイトをして準備している。学生による防災教育活動は国内でも行われている。東日本大震災での小学生の避難状況を絵本にした防災教育のための教材づくりが行われた。国内での防災教育には日本語版、国外での活動のための英語版とインドネシア語版の絵本が製作された。国境なき技師団もこれらの学生の活動を、安全確保の面と財政面で支援している。京都大学でも防災教育活動を行う学生組織が結成された。両大学の学生たちは教材や現地での防災教育の分担などについて、密接に連携している。

津波による大災害が起こった２００４年から約１年後に再びバンダ・アチェを訪問した。津波が襲った海岸を歩いていると、子供たちが海で水遊びをしている賑やかな声が聞こえた。思わず「ボハバー」と声をかけた。「ボハバー」はアチェ地方の方言で「こんにちは」、という意味である。子供たちからも「ボハバー」の声が返ってきた。災害からの復興、特に子供たちの心のケアが、少しだが進んでいるのではないかと感じた。

# 7-3　1990年フィリピン地震

１９９０年7月16日、フィリピン・ルソン島にマグニチュード7．８の地震が発生した。この地震によって、ダグバン市をはじめとするルソン島中部の広い地域で地盤の液状化が発生し、建物の倒壊・傾斜、橋桁の落下、堤防の決壊が発生するとともに、上下水道などのライフラインに多くの被害を生じた。

液状化による被害が最も甚大であったダグパン市は、マニラの北北西約２００㎞に位置し、北部にリンガエン湾を臨む人口13万人ほどの都市である。海岸線に沿って砂州や砂丘が発達しており、砂丘間の湿地帯には多くの養魚池が点在している。市街地の中心部は湿地帯を埋め立てて建設されている。

余談になるが、筆者らは後述するように、ダグバン市の私立大学で、液状化によって傾斜・沈下した建物の復旧を支援した。そのときに、市の有力者たちにレストランへ招かれて食事を共にしたことがある。振舞われたのはこの養魚池で育てられた魚の刺身である。魚の名前は記憶にないが鯉のような魚であったと思う。地震直後に、ルソン島を訪れたときに、飲料水が原因で激しい下痢に悩まされた経験があるので、なるべく遠慮したいと思っていたが、会食に参

写真3　地盤の液状化により傾斜した5階建てコンクリート校舎（1990年フィリピン・ルソン島地震）

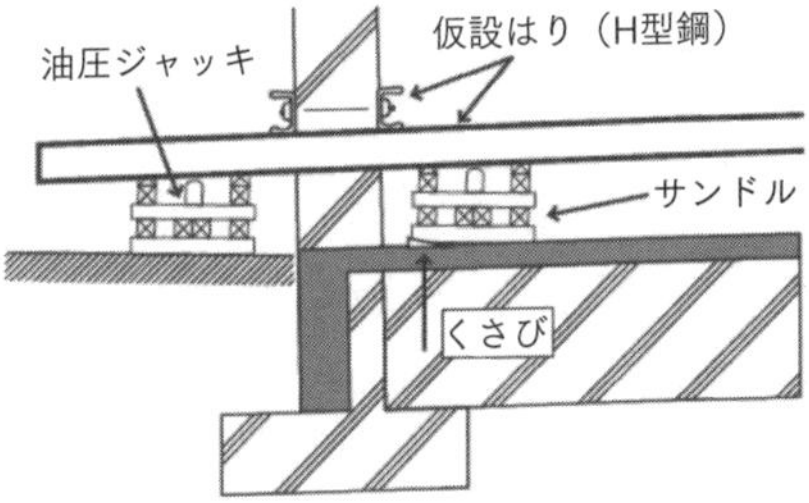


図3　油圧ジャッキによる建物の傾斜の補正

加していた有力者の一人が医者で「絶対に安全である」というので口にした。淡水魚の一種でさっぱりした味であった。幸いなことに体調に異常は起きなかった。

ダグパン市では、市街地を中心に建物の沈下・傾斜、道路橋の落橋、水道管の破損、地盤の側方流動など液状化が原因と考えられる被害が発生した。

この地震で、市内のパンタル川沿いに建設されていた私立大学の5階建ての鉄筋コンクリート建物が液状化によって沈下・傾斜した。建物の最大沈下量は約150㎝、最大傾斜角は約3度で、大学の経営者より建物の復旧方法について技術協力を求められた。日本より30台のジャッキを船で輸送し、建物の傾斜復旧の専門技術者1名を日本より派遣して建物の復旧を行った。

復旧の方法を図に示す。手順は以下のとおりである。①1階のコンクリート柱を全て切断、切り離す。ジャッキ反力を受けるため、切り離された柱の間に仮設の梁を設置する。②基礎と仮設梁の間に30個のジャッキを配置し、これらによって沈下側を上昇させる。③切り離された柱の間に新たに鉄筋を組み、コンクリートを打設する。

復旧工事には地域の建設業の技術者に参加を求めた。復旧工事終了後、全てのジャッキをダグパン市に寄贈した。復旧技術の移転により、市の復興が少しでも進むことを期待してのことだが、寄贈したジャッキがどのように活用されたかどうか、その後の状況は把握していない。

# 7-4　2008年中国四川地震

中国四川盆地とチベット高原の境界に位置する龍門山断層の中央部が、２００８年5月12日、２５０kmにわたり破壊し、マグニチュード８．０の地震を発生させた。中国政府の発表によれば、死者約7万人、行方不明者約1万８０００人、倒壊家屋５３０万棟以上とされている。震源域が山岳地帯であったため、斜面崩壊と、崩壊土砂が川の流れを堰止めて造られる堰止め湖の形成、断層との交差による建築物やトンネルの破壊、および橋桁の落下などの被害が発生した。四川省の省都である成都などの都市部では、ブロック積みやレンガ造りの家屋が多数倒壊して多くの人命が失われた。

地震防災分野では、日本と中国は協力関係が継続されている。早稲田大学も中国から多くの留学生を受け入れており、卒業生の多くが中央政府や地方政府で主要な地位に就き活躍している。土木工学、建築学分野の防災を学ぶ中国人留学生も多く、中には日本の耐震設計法や補強技術を習得して帰国し、中国の防災分野で指導的立場になった卒業生もいる。その中の一人が成都市にある西南交通大学教授のK博士で、副学長の要職に就いている。

K博士は四川大地震の直後から、日本の研究者らに協力を呼びかけ、日中共同による被害調

写真4　柱と梁の接合部の破壊(2008年中国四川地震)

査、被害原因の究明、復旧方法の検討を進めた。日本側では、土木学会と建築学会を中心とした被害調査・復旧チームが組織された。「国境なき技師団」も主要組織として、チームに加わった。

チームが最初に取り組んだのは、被害を受けた建物や橋梁の復旧である。完全に崩壊した構造物は被害要因を検討するだけにとどめた。その一方で、復旧工事によりほぼ原型に戻せる構造物については、復旧の方法を中国側技術者と協議し、その内容を構造物の管理者や所有者に報告した。

1995年兵庫県南部地震では、一部損壊した建物や半壊した構造物は復旧工事により、原形復旧させて再び使用した。四川地震で被害を受けた構造物をいくつか選んで復旧計画

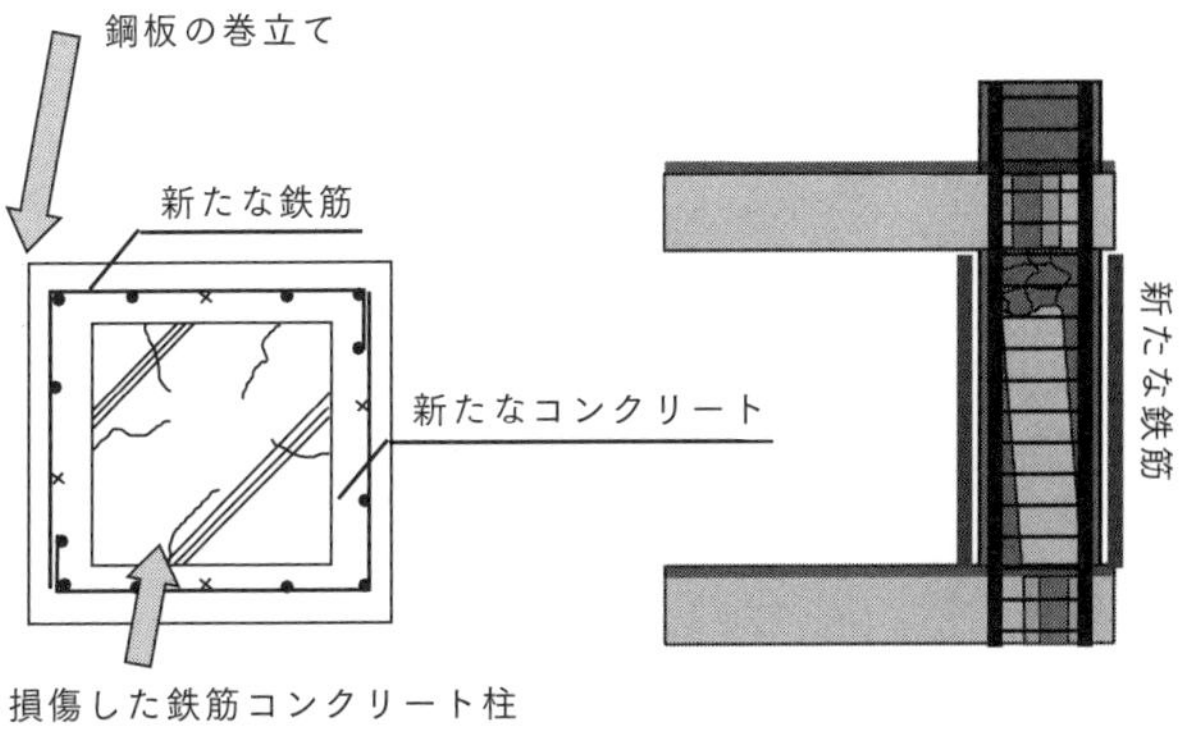

図４　柱と柱・梁接合部の補強

を立てて中国側に提示することにした。その一つが６階建てコンクリート建物である。

１階部分の柱と梁の接合部が破壊された。強い余震が起きれば倒壊は免れない。補強の方法は、柱を鋼板によって巻き立て、鋼板と破壊したコンクリートの間に新たにコンクリートを充填する方法である。兵庫県南部地震による集合住宅の復旧や、新幹線高架橋コンクリート柱の耐震補強に用いられ、実物大の実験により効果が確認されている。わが国で開発された復旧工法が、被害を受けた海外の構造物の復旧に活用されるはじめての事例となった。

地盤工学、地震学、地震工学の３分野の日中合同特別講義が２００８年５月、西南交通大学で行われた。日本の土木工学と建築学の耐震技術を、四川省を中心とした中国の若い技術者と学生に伝えるのが目的である。

特別講義の主要テーマは、①断層・地震・地震動　②

写真5　日中四川大地震災害復旧技術交流検討会（2008年5月31日、四川地震により被害を受けた土木・建築構造物の復旧方法が日本と中国の技術者の共同で検討された）

建物の耐震設計・耐震補強　③橋梁・盛土など道路構築物、ダム・トンネルの耐震補強技術　④液状化対策工法　⑤斜面の安定設計法と対策工法、である。

特別講義をきっかけに、中国政府の支援を受けて西南交通大学の構内に「耐震工学四川省重点研究室」が設立され、さまざまな実験施設が整備された。日本の大学にはない大型で高性能の実験施設も含まれている。

特別講義の実施のため、当時の国際協力銀行（ＪＢＩＣ）から財政的支援を受けることができた。筆者らのグループによる成都での活動を報道で知り「ＪＢＩＣとして支援したい。講師の旅費、宿泊費はＪＢＩＣが負担する。」という申し入れであった。成都での地震工学に関する特別講義は中国南西部の大学の若手研究者や学生らを対象としていたこともあり、当初、数年にわたり継続する計画だった。

しかし、ＪＢＩＣによる支援はわずか1年で打ち切られた。ＪＢＩＣの担当者の話によれば、打ち切りの理由は、地震が発生した２００８年度には四川大地震に対するＪＢＩＣの支援プログラムが計画されていなかったため、１年間だけ土木学会や国境なき技師団の活動をサポートすることになったという。翌年度からはＪＢＩＣ独自のプログラムを実施するため、特別講義は支援できないと通告された。２００９年度の特別講義は内容を大幅に縮小して実施せざるを得なかった。中国の大学と日本の研究者の間に連携関係が築かれはじめていただけに残念な結果になった。

## 7-5　スマトラ島津波警報システムの提案

２００４年スマトラ島沖地震では、本震後長期にわたり余震活動が続いた。中にはマグニチュード8を超える余震も発生した。深刻な被害を受けたバンダ・アチェ市の人々に津波への恐怖心が強く残っていた。余震による揺れが始まると、津波から逃げるため屋外に一斉に飛び出し、大混乱に陥ることもあった。車で高台へ避難する住民も多く、道路は大渋滞となった。

この混乱により命を落とす人も出た。

「国境なき技師団」が小・中学校の児童・生徒らを対象に実施した防災教育も一つの契機になって、余震が起きると人々はいち早く避難行動を取ることができるようになっていたが、津波警報システムの整備や、避難道路・避難所などの建設は資金の問題もあり、進められない状況であった。

国境なき技師団および土木学会と建築学会による調査団は、津波警報システムの構築をインドネシア政府、バンダ・アチェ市とその周辺地域の自治体へ提案した。反応は当初、鈍かった。優先しなければならない膨大な復旧・復興事業を抱えていたためである。

余震による犠牲者が出てから状況が変わった。津波警報システムの必要性が改めて認識され、現地の実状とイスラム社会に適した津波警報システムの提案要請が、アチェ市の関係者から国境なき技師団に伝えられた。

スマトラ島の西海岸でどのような津波警報システムが実現可能なのか。海底地震計が現状で設置されているとは聞いていない。西海岸沿いの地震動観測点も極めて少ない。また、津波の海岸での高さと到達時間に大きな影響を与える海岸地形のデータベースも整備されていない。さらに、住民への警報や注意報をどのように伝達し、早期避難を促すのか。日本では、気象庁からの警報や注意報がテレビ、ラジオ、スマートフォンおよび、地域の防災無線などを通じて

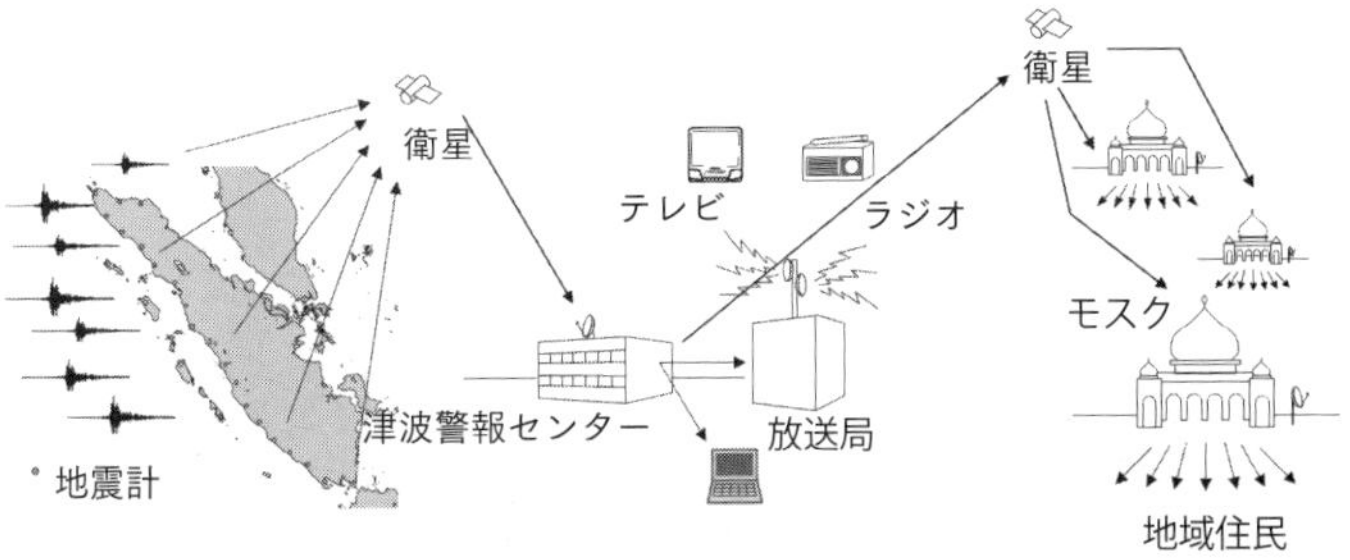


図5 スマトラ島津波警報システムの提案

住民に伝達される。スマトラ島で同様のシステムを短期間で構築し、運用を開始するのは難しい。

これらの実情を考慮して、海岸線における地震動と津波状報の伝達に人工衛星と、各集落に建設されているイスラム教のモスクを活用した図5に示すような津波警報システムを提案した。

地震発生をいち早くキャッチするため、スマトラ島の西海岸に地震計を増設する。地震計の設置には多額の費用が必要となるため、国境なき技師団の支援だけでは実現は難しい。財政的支援を受けられるように日本政府や国際協力機構（JICA）などの機関に働きかける。地震計の管理は海岸線に位置する自治体が担当する。

インド洋で地震が発生した場合、海岸線に設置された複数の地震計が地震動を観測する。この揺れを、人工衛星を通じて津波警報センター（仮称）に送信し、震源位置とマグニチュードを自動的に推定する。津波警報センターはジャカルタなど大都市部に設置する。マグニチュードと震源位置から津波の到達時

写真6　国境なき技師団など支援団体への感謝状贈呈（インドネシア・コドヨノ大統領来日の機会に、復旧・復興支援に対し感謝状が贈呈された）（中央がコドヨノ・インドネシア大統領）

間と海岸線での津波高さを推定し、津波来襲を放送局などへ連絡するとともに、再び人工衛星を通じ、地域のモスクに連絡する。

イスラム社会ではモスクは集落ごとに建設されている。モスクの尖塔であるミナレのスピーカーを通じて津波警報を地域住民に伝達する。モスクからは一日に5回、コーランの一節が流され、住民はこれに合せて礼拝をする。モスクを経由して津波警報を直接住民に伝達するという方法は、イスラム社会の生活様式を生かしたシステムである。モスクは地域にとって最も重要な建物であり、ほとんどの場合、集落の中心部に位置している。スマトラ沖地震によるインド洋津波では、多くのモスクの多くが津波に耐え、モスクに避難した住民の命を救った。モスクを避難所として食料や生活用品を備蓄すれば、災害後の避難民救済に大きな効果を持つと考えられる。

## 7-6　エジプト・アメンホテプIII世王墓の補強計画

筆者が早稲田大学理工学部に勤務しているころ、エジプト考古学で著名な吉村作治教授が研究室に訪ねてきた。吉村教授はもともと早大の文学部に籍を置かれていたが、当時は理工学研究所の土木・建築研究グループにも加わっておられ、筆者の同僚の一人でもあった。

吉村教授の要件は、「エジプト・ルクソールの王家の西の谷にあるアメンホテプIII世の王墓の壁画修復事業をユネスコの依頼で実施している。この修復事業には早稲田大学の建築系の教員や学生がボランティアで参加している。アメンホテプIII世の墓は石灰岩を掘削して造られた地下王墓で、１７９９年にフランスのナポレオン三世がエジプト遠征時に発見した。王墓の地下空洞の柱や壁に多くの亀裂や剥離が生じており、中には完全には崩壊した柱もある。原因は大雨による王家の谷の洪水か、あるいは地震と考えられるが、現時点では明らかではない。このまま放置すると王墓全体が崩壊し、壁画など貴重な文化財が失われてしまうのではないかと、エジプト文化庁が心配している。補強する方法を日本の調査グループに考えて欲しいとの要望があった」というものである。

当時、筆者は岐阜県御嵩町の亜炭廃坑の調査を行っていた。また、1995年阪神・淡路大震災の被害を受けて、土木構造物の耐震補強法の開発や補強工事に関係していたこともあり、調査を引き受けた。筆者にとっても大いに興味あるテーマであった。筆者一人の調査では心もとないと思い、東海大学海洋学部のアイダン教授および日本大学理工学部の田野教授に協力を依頼し、引き受けてもらった。二人とも岩盤力学が専門で、岩盤空洞の安全性に詳しく、亜炭廃坑の調査でも協力していただいていた。

アメンホテプⅢ世とはどういう人物か。古代エジプト第王18王朝の第9代ファラオで有名な、ツターン・カーメンの祖父にあたる人物だそうである。40年近く王位に就いており、その間、王朝は大いに繁栄したと、ウィキベディアには記述されている。

現地での調査用器材などを慌ただしく準備し、関西空港より、イスタンブール、カイロを経由してルクソールに飛んだ。空港に出迎えていた早大文学部の近藤助教授の案内で王家の西の谷に向った。王家の谷には東と西があり、東の谷の王墓の多くは一般公開されているが、西の谷では学術調査や修復が行われており、未公開である。西の谷の入り口に「Waseda House」という名前の鉄筋コンクリート2階建ての建物が建っていた。ここが早稲田大学のエジプト調

写真7　エジプト・ルクソールの王家の谷（王家の西の谷の丘より多数の貝類の化石が見つかった）

査のベースとなっており、1989年より調査が継続されているという。

一晩、このハウスで長旅の疲れを癒し、翌日早朝、西の谷に入っていった。地下王墓の坑口は谷底よりやや高い斜面の中腹にあった。土砂に埋もれていた坑口をナポレオン三世の遠征隊が発見したという。孫のツターン・カーメンの墓は東の谷にあるが、この場合もイギリスの考古学者ハワード・カーターが偶然坑口を見つけ、黄金のマスクなど世紀の大発見につながった。

近藤助教授などエジプト考古学の専門家に話を聞くと、エジプトでの考古学調査の出発点は、地下王墓への入り口を発見することにあるという。これまで発見されてきた坑口の並び方や地形などから新たな坑口と王墓の広がりに見当をつける、とのことである。

写真８　地下王墓の損傷状況（柱の一部が崩壊し、亀裂が生じている）

筆者も岐阜県御嵩町の亜炭廃坑の空洞がどの位置に、どの深さに存在するかをさまざまな方法を地表から試みたことがある。探査する深さを限定すれば、音波探査やレーダー探査はある程度有効であることがわかっていた。これらの探査方法と地形調査結果と組み合わせることにより、新たな王墓の発見も可能になるのではないかと考えられる。

王墓の中に入り、柱や壁の状況を見て回った。壁には文化財として貴重と思われる壁画が描かれていた。墓の主、アメンホテプⅢ世の生涯や業績も書かれているようであったが、筆者にはもとよりわからない。これらの壁画とエジプト文字の記述を読み解き、古代エジプト史について、新たな発見をし、解釈を加えることが考古学者の仕事だという。

長い年月を経て、壁画の表面には汚れや破損が見られた。イタリアよりフラスコ画修復の専門家を招き、学生たちを指導して洗浄が行われていた。労力と根気の必要な作業である。

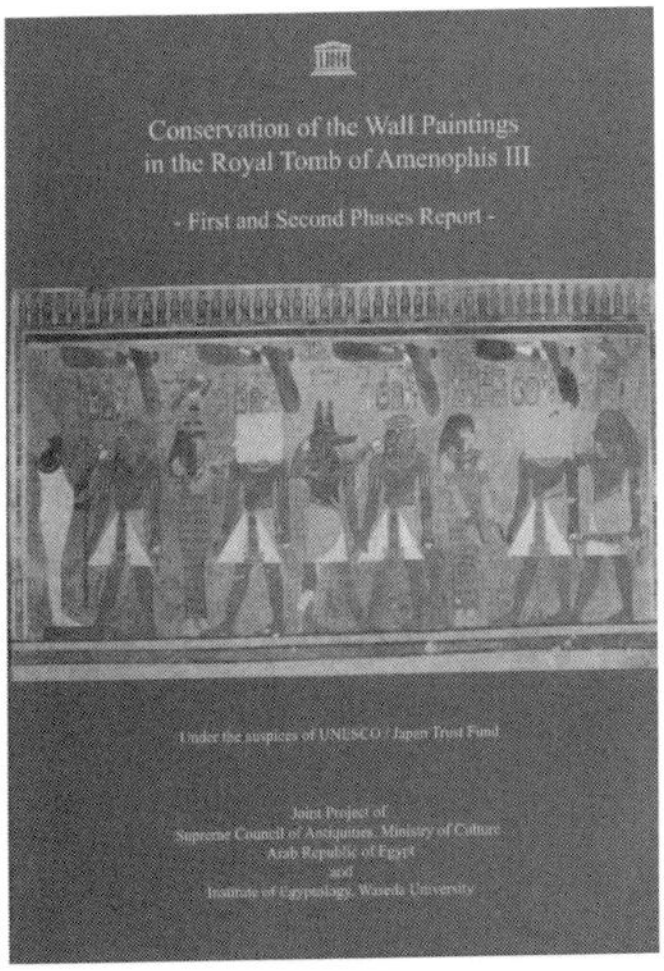


写真９　早稲田大学吉村作治教授研究グループによる報告書

筆者らは、柱や壁に生じている亀裂や剥離の状況を詳細に調査した。わが国では、地震による建築物や橋梁などコンクリート構造物の被害の修復が行われてきた。

コンクリートの梁や柱を修復する方法として、①柱や梁の回りを鋼板などで囲む方法、②周囲に新たな鉄筋コンクリートの柱を構築する方法、③コンクリートの亀裂に接着剤などを注入し、鉄製のボルトで締め付ける方法、などが採用されてきた。そこで、エジプト文化庁の担当者にも同じような方法を採用してはどうかと持ち掛けた。答えは「ノー」である。「鉄やコンクリートなど岩盤とは異質の人工材料を用いることはまかりならぬ」という反応である。そこでカーボンファイバーなどではどうかと重ねて提案した。「カーボンファイバーのような材料であれば岩盤になじんで問題ない」という答えである。カーボンファイバー製のロックボルトを日本で作成し、これを用いる補強法をユネスコへの報告書に記述した。材料費と工事費の概算金額も示した。

その後、ユネスコより何の反応もない。後で聞かされた話だが、ほとんどの費用は日本政府がユネスコに支出することになるのだそうである。1799年に発見されてから200年以上が経過し、この間、新たな崩壊が起ったという記録はない。今すぐに王墓が崩壊するということではないので、もう少し時間をかけて修復の方法を考えてはどうか、というのがユネスコの判断であったと想像している。

話は横道に逸れるが、王墓の調査の合間に、王家の谷を見下ろすことができる丘の上に尾根沿いに登ってみた。暑さもあって、疲れて石の上に腰を下ろした。そのときである。足元に、蛤のような貝の化石と見られるものがごろごろと転がっている。地質学者によれば、エジプトの王家の谷はもともと海底であったとのことである。アフリカ大陸の移動により、押されて隆起したのだという。

同じようなことを1999年の中国四川地震の被害調査のときにも経験した。四川盆地からチベット高原の東縁付近まで調査の足を伸ばした。ある集落の外れで同じように蛤のような貝の化石が多数見つかった。地質時代、インド大陸が南より移動してきて、ユーラシア大陸に衝突して押し上げた。海底が隆起してヒマラヤ山脈やチベット高原が形成されたのだという。工学系の時間のスケールをはるかに超えた話である。

## 7-7　アジア防災センター

１９８７年、国連総会において、１９９０年代を「国際防災の10年」（International Decade for Natural Disaster Reduction：IDNDR）とする決議が採択され、国際的な協調により世界の自然災害を軽減する活動が開始された。

１９９４年5月に、ＩＤＮＤＲの中間レビューと将来計画立案のための「国際防災の10年世界会議」が横浜市で開催され、「災害が多発するアジア地域における防災センターの創設」を盛り込んだ「横浜戦略」が採択された。この「横浜戦略」に基づき、アジア防災センターが兵庫県神戸市に１９９８年に創設された。

何故、アジア地域で防災センターが必要なかったのか。１９４９年より２０２０年までの72年間で、１０００人以上の死者を出した自然災害（風水害、地震・津波災害）は世界で１０８回発生している。このうちの89件はアジアで発生している。また、自然災害による死者・行方

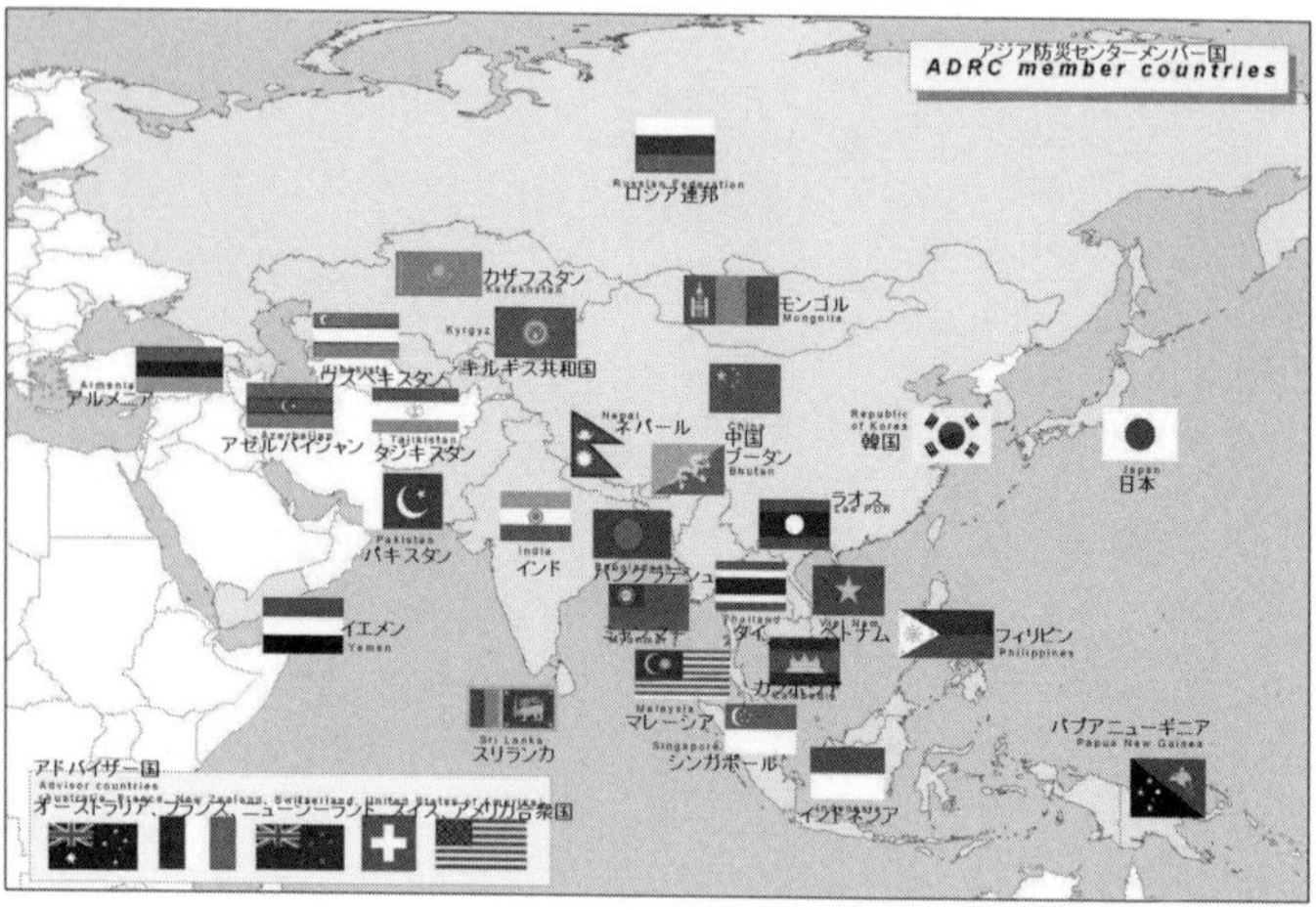


図６　アジア防災センター（2022年現在のメンバー国:31、アドバイザー国:5）

不明者数は同じ期間で世界で約４４９万人であり、約３９５万人がアジアである。アジア地域で自然災害を軽減し、犠牲者を減少させることが、世界の自然災害の軽減につながる。このことが、国連によるアジア地域での防災センター創設の目的である。

現時点（２０２２年）でアジア防災センターには31の国が加盟している。毎年、「アジア防災会議」が加盟国の一つで開催され、各国の自然災害の状況、防災対策および国際協力体制と組織のあり方などが議論されている。筆者は２０１４年よりアジア防災センターのセンター長を務めている。

アジア防災センターの活動の目標は、①世界の自然災害情報の収集と発信、②日本および加盟国の衛星観測データを用いた災害状況の即時把握と発信、③加盟国政府の防災担当職員のセンターへの招聘による研修、④国内外での防災政府職員に対するセミナーの開催、⑤加盟国の地域防災力向上のための現地支援、地域防災計画の策定、などである。

アジア防災センターの活動によってアジア地域で防災力が向上し、自然災害が減少してきていることを確信しているが、近年気候変動により巨大台風・サイクロン、大雨・洪水などの気象災害がアジア諸国で増加し続けていることから、アジア防災センターの役割の重要性が増している。

アジア地域の災害は開発途上国に集中している。災害増大の原因の一つは、十分な災害対策を講ずるための資金が不足していることにある。アジアで地震が起きるたびに同じような被害の光景を目にしてきている。耐震性がほとんどない日干し煉瓦造りの家屋の崩壊が死者数を増加させている。「5-2　自然災害の世界的増加」で述べたように、貧困が災害の度合を増大させ、そのことが貧困の度合を増大させている。負のスパイラルが生じている。

アジアの開発途上国での災害を減少させるためには、この負のスパイラルを断ち切る必要がある。そのためには、防災分野での支援に加えて、強靭な社会基盤の整備にも支援を広げる必要がある。

# 8　自然災害軽減への学協会の役割

# 8-1 日本学術会議

２００５年10月より２０１１年９月までの２期６年間、日本学術会議会員を務めた。学術会議は２００名余りの会員で構成される組織で、人文科学、理工学、医学などの学術分野からの代表で構成され、国の機関と位置づけられている。国会は政治の代表によって構成されているが、それの科学者版と言うべき機関とされている。

土木・建築分野より学術会議への２名の代表を出すという申し合せがあり、土木学会会長を経験したことが筆者が選出された一つの理由になっているものと考える。

どのような方法で学術会議の会員は選ばれるのか。会員に選出された後になって、ほとんど密室状態で選出されていることがわかった。土木・建築分野の会員は常時４名いる。このうち２期６年を務めた２名が退任するときに、後任の２名を指名する。民主的とはほど遠いやり方で選出されている。新しく選出される会員がどのような学問的業績を残し、社会に貢献しているかなどということは直接的には議論されない。筆者も選考にあたって業績書などを提出した憶えはない。退任する会員が、「私の後任にはこの人が望ましい」と言えば、ほぼそのとおりに決定される。学術の〝総本山〟とも呼ばれている学術会議で、このような会員選考が行われているとは、ほとんどの国民は知らないであろう。そもそも、多くの人は学術会議はどういう組織で、どのような活動をしているかに興味がないと思われる。

日本学術会議会員は、国家公務員であり、薄給であるが給与を国より支給される。任命権者は内閣総理大臣である。最近、日本学術会議会員の選出方法を含めて学術会議のあり方が、政府内や国会で議論になり、「学術会議の組織を改革すべし」という声が強くなっている。学術会議がとかく左翼系の学者の集まりで、政府への批判が多いというのが潜在的な理由の一つになっていると考える。筆者自身もよくわからない方法で会員選出された手前、大きなことは言えないが、会員選出に関しては、大多数の関係者が納得する方法に変更すべきと考えている。

このような選出方法を続けることで会員の出身大学に偏向が起こる。東京大学や京都大学などの有力国立大学の教員の会員が自然と多くなる。筆者のように私立大学の教員が選出される機会は少ない。

任期の6年間は、土木工学・建築学分野、特に防災分野の研究振興と、研究成果の社会での発信に微力を果たしてきたつもりである。在任中に、提言「地球規模の自然災害の変化に対応した災害軽減のあり方について」、および報告「自然災害軽減のための国際協力のあり方」をまとめ、社会に発信した。提言、報告の概要は「5-3　学術会議の提言」および、「7-1「国際協力の在り方─日本学術会議の報告─」」に記述した。

もう一つ、学術会議の土木工学・建築学委員会で問題として取り上げられたことがある。それは、当時の民主党政権が掲げた「コンクリートより人へ」のスローガンである。ダムや道路建設などの土木工事が、自然環境を破壊する元凶であるとして、政府や自治体の公共工事にストップをかけたことがあった。今から考えれば、専門外の素人の戯言に過ぎないが、当時はマスコミがその尻馬に乗って大いに騒ぎ立て、中にはダム建設の中止の方針を打ち出す知事もいた。

学術会議の土木工学・建築学委員会も、この異常事態を放置しておくはできないとして、土木学会、日本建築学会、コンクリート工学会などの協力を得て、学術会議としての記者会見を開き、社会基盤施設の建設においてコンクリートが果してきた役割を改めて説明し、理解を求めた。

「コンクリートより人へ」のスローガンは、政権が変わるとともに消えてなくなったが、改めて、土木・建築分野からの社会への発信が重要であることを認識させられた。

# 8-2 土木学会

２００６年5月に第94代土木学会会長に就任した。数年前から、理事・副会長などの役職についていたこともあって、土木学会長の職務にはそれなりの予備知識があったが、約４万人の会員を擁する学会のトップとして責任が十分に果たせるか自信は正直言ってなかった。相応の覚悟なしに引き受けてしまったというのが正直なところである。

何故、筆者が選任されることになったのか。土木学会の会長の選出方法については、以前より多くの会員からの批判の声が上がっていた。会長選出のプロセスが密室的で、いかにも〝土木的談合〟であるとの批判である。

現役の正副会長数名が土木学会の役員会議室に集まり、特段の議論をするでもなく、会長（正しくは次期会長）を決めていた。日本建築学会では会員全員による選挙により代議員を選び、選出された代議員が投票により会長を選挙するという方式を採っている。米国の大統領選挙と同じで、土木学会の選出方法に比較してはるかに民主的と言える。

なぜ、談合のような方法で会長を決めてきたのか。理由は二つある。一つは会員数が４万人に近く、全会員による直接選挙の事務が膨大になる。またそれを行うためには経費が必要である。しかし、このことが土木学会の会長選出方法を決して正当化するものではない。土木学会と同等の会員数を持つ建築学会では、代議員による選挙という方法が採られているのである。

もう一つの理由は、重要な事項は学会の主要会員により決定するという土木学会創立以来の気風が影響していると思われる。

会長選出の不透明性が多くの会員より指摘されるようになり、選出の方法を2004年から変更した。次期会長選出の時点より遡って過去5年間に正副会長を務めた会員（25名程度となる）による会議によって会長を選出する方法である。会長の選出には一つのルールがある。「産・官・学」、「白」というルールである。「産」は建設業界、「官」は国・自治体など、「学」は大学・研究機関を指し、これらのグループより順番に会長を出すというルールである。最後の「白」は「産・官・学」の会長のあとは、「産・官・学」のどの分野からも会長が選出できるという決まりである。土木学会は民間の建設業とコンサルタンツ、国・自治体の官僚、大学などの研究者などで構成されている。この会長選出のルールは、どの分野にも配慮し、不満を出させないという苦肉の策である。

会長の任期が1年と短いのも問題である。就任して、会長として新しく何をしようか、と考えているうちに1年間が過ぎてしまう。次期会長の期間が1年あるが、それなりの準備をしておかないと会長として新たな活動や事業はできなくなる。

会長に就任した後、就任前より考えていたことを早速実行に移すことにした。その第一は、土木学会から社会への発信を増やし、土木の社会的評価を少しでも向上させることである。土木学会の存在さえも知らない一般の人より、「土木にどうして学会が必要なのか」という素朴な質問が出されたこともあった。工事中の道路を母子が横断しているときに、「勉強しないとこの人たち（工事従業員）のようになってしまうよ」と子供を諭していたという話も、冗談交じりに聞いたことがある。

土木学会への認識を広めるため、始めたことが二つある。その一つは、新聞社や雑誌社の建設担当の記者や編集者を招いた「記者懇談会」を定期的に開催したことである。新たな建設事業の概要や、土木関連の研究開発成果などを、集った記者たちに説明する。記事にするための資料なども積極的に提供する。月に一回のペースで開催した。毎回、20名を超える記者が集まった。土木学会への注文、あるいは批判などを出してもらう。学会として対応する価値がある意見には、具体的に対応するということにした。

土木への一般社会からの認識を向上させるために採ったもう一つの方法は、「論説委員会」の設置である。土木の各分野の第一線で活躍している会員（非会員も含む）から論説委員を選び、土木が抱える課題についての論説を執筆していただき、会誌に掲載する。論説委員会は現在でも活動しており、効果的な発信を続けていると思う。

会長に就任したころは、まさに〝土木の低迷〟の時代であった。大学に進学する若者の間でも土木の人気は下がり続けていた。筆者が早稲田大学に入学するころは、土木工学科は、入試での成績ランクが建築学科と並んでトップクラスであったのが、最下位に低迷していた。全国の大学の土木系の教室会議で「土木という名称の印象が悪い。いわゆる3K（危険、汚い、きつい）の代表格の分野である。土木学科の名称を変更する」ということが進められた。筆者が勤務していた早稲田大学でも「社会環境工学科」という名称に変更してしまった。「社会」とか「環境」という用語は響きがよいが、実体は曖昧である。学科の名称を変えることだけで、教育内容をほとんど変えないというのは一種の詐欺である。飲食店で「来々軒」を「マクシム」に変えただけで、メニューはほとんど変わっていないのと同じである。「名称を変えてから、その名称にふさわしい教育をするのだ」という意見もあるが、受験生にとってはたまったものではない。現在、「土木工学科」という名称を残して頑張っているのは全国で2校だけと承知している。まさに絶滅危惧種である。

筆者の在任中にも土木学会の「改名」の是非が議論された。先輩の会長経験者に相談すると、「土木学会の改名騒ぎは明治時代からあって、これが3度目だ。所詮、変えようがないのでそのうち沙汰止みになるので放っておきなさい」と忠告を受けた。確かに「土木学会」の改名の問題は学科名の変更と同じで、行先が定められない議論である。米国の土木学会は

「American Society of Civil Engineers (ASCE)」であり、多くの大学では土木系の学科名として「Environmental and Civil Engineering」としている。Civil Engineeringは日本語にあえて訳せば「市民工学」であり、「Military Engineering」の対語として用いられている。日本語の「土木」とは与える印象がだいぶ異なる。対象とする範囲も広く適切な用語である。結局、「土木」の3度目の改名議論も時間を無駄遣いしただけで、立ち消えになった。

会長在任中に学会として2編の報告書をまとめた。いずれも会長特別委員会の報告書である。一つは「自然災害軽減への土木学会の役割」（２００７年3月）である。この報告書の中で、近年の自然災害により提起された課題を振り返り、今後発生が危惧される災害への対策、さらには土木学会が災害軽減に果たすべき役割を、まとめた。

会長としてのもう一つの報告書は、「The Future of Civil Engineering and The Roles of Civil Engineers」である。この報告は、米国の土木学会ＡＳＣＥが２００７年にワシントンで開催した同名の会議で報告するため、わが国の土木学会としてまとめられた。土木を取りまく現状、災害の増大や大都市圏への人口集中などアジアでの状況を踏まえ、安全・安心で持続可能な社会を構築するための提言がまとめられている。この報告の概要については次節「土木の未来・土木技術者の役割」で概要を紹介する。

# 8-3　土木の未来と土木技術者の役割

土木界を取り巻く国内外の状況を、これまでに土木学会内で検討されてきた結果も踏まえて改めて分析し、「土木の未来と土木技術者が果すべき役割」を示した。

## 土木を取り巻く社会の現状と展望

わが国の土木技術者は、公共事業をはじめとする社会基盤整備を通じて国土の建設と管理に貢献してきた。しかし、高度成長期に急速に整備された多くの社会基盤施設の経年劣化が進行し、今後の適切な維持管理と補修が差し迫った課題となっている。また近年、地震・風水害などの自然災害が多発している。過疎・過密化や少子・高齢化など社会環境の災害に対する脆弱化もあって、大災害発生のリスクが増大しており、災害に強い国土構造と社会システムの整備が求められている。加えて、エネルギーや安全な水・食料の安定供給もわが国の安定的発展にとって重要課題となっている。

世界、特に開発途上国において自然災害、水・食糧・エネルギー不足、環境破壊などさまざまな問題が発生している。平和で安全・安心な世界の実現、さらにはわが国の国際社会での安全保障の観点からも、建設分野における国際的な交流と協力が不可欠である。

## 土木界と土木技術者の役割

土木技術者は、シビルエンジニアリング（市民工学）の原点に立ち返り、市民の共感と感動を呼ぶ社会基盤整備を目指すとともに、ほかの理工学分野および人文学分野の科学者、技術者と協働して、健康的で安全・安心、持続可能な社会の構築を通して人々の幸福な生活のために貢献すべきである。開発途上国での社会基盤整備において、わが国の防災技術、長大橋・トンネル建設技術および建設マネジメント技術を活用・展開することが求められている。

## 土木技術者に必要な能力と資質

土木技術者は、まず土木に対する衿持と誇りを持たなければならない。土木技術者の貢献なくしては明治以来のわが国の発展も戦後の復興もなし得なかったこと、および今後持続可能で安全・安心な世界の構築のために土木技術が必要不可欠であること、を深く再認識する必要がある。

土木技術者が高い倫理観と社会規範を遵守する精神をもって行動することはもとより、防災や環境さらには基盤施設の維持・管理など、土木技術者の役割の拡大に対して、広い分野の知識と見識、洞察力と決断力およびコミュニケーション能力が土木技術者に求められている。

土木技術者が海外の建設事業に参画する機会は増加すると考えられ、国際社会で活躍するために、他国の文化・宗教・社会習慣などを深く理解し・積極的にコミュニケーションを図る能力が必要である。

### 土木学会の役割と具体的方策

土木学会はこれまでも土木技術者としての責務や行動原理を示すための「土木技術者の倫理規定」の制定や社会資本整備の方向性を示すための発信を行ってきた。さらに、歴代会長は特別委員会において、土木を取り巻く課題について検討を行い、その結果を提言にまとめ学会内外に発信してきた。しかしながら、これらの提言のうち一部が実行に移されたものの未着手の課題が数多く残されている。土木学会に今必要なことは、これまでの提言を実現していくことである。このため、学会役員、会員、職員のそれぞれが具体的な行動の第一歩を踏み出すことが望まれている。

# あとがき

本書執筆中の２０２３年2月6日、トルコとシリアの国境付近でマグニチュード7．6の地震が発生し、22万棟以上の建物・家屋が倒壊して、５万６０００人以上の人命が失われた。

地球規模での温暖化に起因していると考えられる大雨・洪水・干ばつ・森林火災などの気象災害も世界各地で発生している。9月には北アフリカのリビアで大洪水が発生し、死者・行方不明者約2万人以上の災害となった。また、米国ハワイ・マウイ島で大規模な森林火災が発生し、多数の犠牲者が出た。

筆者は、大学卒業後、半世紀以上にわたって地震災害軽減のための研究・開発と実務に携わってきた。世界で地震災害が発生するたびに被災地を訪れた。崩壊した家屋の瓦礫に埋もれて、多くの住民が命を落とした光景を幾度となく目の当たりにしてきた。その度に、「また、同じことを繰り返してしまった」という、地震災害分野の研究者として悔恨の念に捕らわれた。

地震による人命損失の第一の要因は、レンガ造など耐久性の低い住居と、建物の倒壊である。風水害による人命損失の要因は、河川堤防や防潮堤など防災施設の整備の遅れにある。いずれの場合も、経済的状況から、災害軽減に十分な資金を投入することができないことが根底にある。アジアなどの開発途上国の自然災害、特に犠牲者を減少させるための国際協力はアジアのリーダー格としてのわが国の責務であるが、財政支援の面からも、また脆弱な家屋の耐震化など技術の面からも十分な支援がなされていないのが現状である。

国内では、地震防災分野の専門家として2度の失敗を重ねた。1995年阪神淡路大震災と、2011年東日本大震災である。阪神・淡路大震災では、大都市圏近傍の内陸活断層により、それまでに経験したことのない強烈な地震動の破壊力を思い知らされた。また、東日本大震災では津波高さの想定の誤りから原子力発電所の炉心熔解という、世界史上未曾有の大災害を引き起こしてしまった。防災先進国と言われ、我々専門家もそのことに誇りを持っていた。2度の震災はその誇りを打ち砕くとともに、国民の科学技術に対する信頼を失墜させた。

2度失敗を重ねながらも、この半世紀、耐震設計法や耐震補強の研究開発を行い、地震による安全・安心社会構築に向けて歩んできたが、その歩みは遅い。残された時間は限られているが、この歩みを止めることなく、前に向かって進みたい。

この約60年間、地中構造物の耐震設計、液状化地盤の側方流動とその対策、地下空洞の充填による安全対策、および臨海部産業施設の強靭化などさまざまな課題に取り組んできた。これらの研究開発の成果が将来の地震に対して少しでも効果を発揮し、災害が軽減されることを念願している。

大学の教員の多くは、定年退職後「懐古録」のような随筆集を出版している。本書もそのような書籍の一つであるが、地震防災に関する研究と実践の中で、さまざまな課題に直面した。それらの課題を解決するに際して印象に残っていることを書き留めた。今後、防災分野で活動される若い研究者と学生に、何か示唆のようなものを与えることができれば幸いである。

濱田政則

２０２３年12月１日

著者プロフィール


## 濱田政則（はまだ・まさのり）

生年月日　1943年年10月13日

### 略歴

1986年　東海大学海洋学部 教授
1994年　早稲田大学理工学部（理工学術院）教授

### 社会活動歴など

1996〜1998年　地域安全学会 会長
2002〜2004年　日本地震工学会 会長
2005〜2011年　日本学術会議 会員
2006〜2007年　土木学会 会長
2009〜2023年　国境なき技師団 理事長
2014〜2023年　アジア防災センター センター長

### 表彰歴など

1986年　土木学会論文賞

2003年　神奈川県知事賞
2003年　日本ガス協会論文賞
2005年　経済産業大臣賞
2010年　土木学会功績賞・防災担当大臣賞（防災功労者）
2014年　内閣総理大臣賞（防災功労者）
2023年　瑞宝小綬章

## 主な著書

『液状化の脅威（叢書 震災と社会）』（単著）岩波書店、2012
『災害に強い社会をつくるために』（共著）早稲田大学出版部、2012
『地盤耐震工学』（単著）丸善出版、2013
『原子力耐震工学』（共著）鹿島出版会、2014
『耐津波学 津波に強い社会を創る』（監修・著）森北出版、2015
『都市臨海地域の強靭化：増大する自然災害への対応（東京安全研究所・都市の安全と環境シリーズ）』（編著）早稲田大学出版部、2019
『国境なき技師団 スマトラ島から東北へ―災害復興支援の15年』（共著）早稲田新書、2021

# 地震災害軽減への歩み

定価はカバーに表示してあります。

2024年1月10日　1版1刷発行　ISBN978-4-7655-1894-9　C1051

著　者　濱　田　政　則
発行者　長　滋　彦
発行所　技報堂出版株式会社
〒101-0051　東京都千代田区神田神保町1-2-5
電　話　営　業（03）（5217）0885
　　　　編　集（03）（5217）0881
　　　　F　A　X（03）（5217）0886
振替口座　00140-4-10
http://gihodobooks.jp/

日本書籍出版協会会員
自然科学書協会会員
土木・建築書協会会員

Printed in Japan


装丁：浜田晃一　印刷・製本　昭和情報プロセス